少儿学编程

异步图书
www.epubit.com

# 信息学奥赛CSP-S

左凤鸣 主编

## 初赛通关手册

10年真题+10套模拟精练精讲

人民邮电出版社
北京

**图书在版编目（CIP）数据**

信息学奥赛CSP-S初赛通关手册 ： 10年真题+10套模拟精练精讲 / 左凤鸣主编. -- 北京 ： 人民邮电出版社, 2024. 9. --（少儿学编程）. -- ISBN 978-7-115-64544-9

Ⅰ. TP311.1-44

中国国家版本馆CIP数据核字第2024SH7322号

## 内 容 提 要

CSP竞赛是由中国计算机学会组织的计算机软件能力认证考试。近年来，CSP竞赛的关注度持续提升，许多高校和企业将其作为选拔优秀学生和人才的依据。

随着CSP竞赛的竞争越来越激烈，初赛的重要性进一步凸显。本书面向参加信息学奥赛CSP-S初赛的学生，提供了10套历年真题和10套高质量模拟题，并针对每套试题给出了参考答案和答案解析（电子版）。

本书由教学经验丰富的左凤鸣老师主编，由参赛经验丰富且成绩优异的同学参与编写，并配备了强大的在线资源平台，为广大有备考需求的学生提供了全方位的备考指导。

◆ 主　　编　左凤鸣
　责任编辑　胡俊英
　责任印制　王　郁　焦志炜

◆ 人民邮电出版社出版发行　　北京市丰台区成寿寺路11号
　邮编　100164　　电子邮件　315@ptpress.com.cn
　网址　https://www.ptpress.com.cn
　三河市中晟雅豪印务有限公司印刷

◆ 开本：787×1092　1/16
　印张：16.75　　2024年9月第1版
　字数：423千字　　2024年9月河北第1次印刷

定价：69.80元（全23册）

**读者服务热线：(010)81055410　印装质量热线：(010)81055316**

**反盗版热线：(010)81055315**

**广告经营许可证：京东市监广登字20170147号**

# 编 委 会

## 主编

**左凤鸣**

佐助编程创始人
十余年一线编程教学经验
CCF 认证的 NOI 指导教师
全国青少年软件编程指导教师
《C++少儿编程轻松学》作者

## 编委

**肖海波**

清华大学 2021 级本科生
全国青少年信息学奥林匹克联赛（NOIP）提高组一等奖
全国青少年信息学奥林匹克竞赛冬令营（NOIWC）银牌
全国青少年信息学奥林匹克竞赛（NOI）国赛银牌

**温铠瑞**

清华大学 2021 级本科生
全国青少年信息学奥林匹克联赛（NOIP）提高组一等奖
全国青少年信息学奥林匹克竞赛冬令营（NOIWC）金牌
亚洲与太平洋地区信息学奥林匹克（APIO）金牌
全国青少年信息学奥林匹克竞赛（NOI）国赛银牌

**曹歆蕤**

清华大学 2021 级本科生
全国青少年信息学奥林匹克联赛（NOIP）提高组一等奖
全国青少年信息学奥林匹克竞赛冬令营（NOIWC）银牌
全国青少年信息学奥林匹克竞赛（NOI）国赛银牌

**杨恺**

清华大学 2021 级本科生
全国青少年信息学奥林匹克联赛（NOIP）提高组一等奖
全国青少年信息学奥林匹克竞赛（NOI）国赛银牌

**宦皓然**

清华大学 2021 级本科生
全国青少年信息学奥林匹克联赛（NOIP）提高组一等奖
亚洲与太平洋地区信息学奥林匹克（APIO）金牌
全国青少年信息学奥林匹克竞赛（NOI）国赛银牌

# 前　言

随着时代的发展，编程对于青少年已经变得非常重要，甚至是每个学生都应该学习的。为了培养和提升青少年的编程能力，参加中国计算机学会举办的全国青少年信息学奥林匹克竞赛是很多家长和学生的选择。全国青少年信息学奥林匹克竞赛有一系列赛事，其中影响范围较大的就是 CSP-J/S，即 CSP 非专业级别软件能力认证，分为 CSP-J（Junior，入门组）和 CSP-S（Senior，提高组）。这个比赛有两轮——初赛和复赛，通过初赛后才能进入复赛。

如今，社会、学校以及家长越来越重视信息学的教育，初赛的竞争也越来越激烈。作为从事信息学奥林匹克竞赛教学工作十余年的教师，我真切地了解初赛的重要性，以及学生和教师应该如何高效地备考。在准备初赛时，最直接有效的方式就是刷题，一是往年的真题；二是高质量的模拟题。虽然我们都知道真题和模拟题很有价值，但真题和模拟题以什么样的方式呈现，以及怎样高效合理地运用，是很多教师、学生容易忽略的环节。

下面简单总结了目前很多学生和教师在准备初赛时遇到的一些问题以及本书给出的应对策略。

**1. 优化内容呈现方式**

一些学生使用的初赛练习题是把题目和答案装订在一起的，这样会导致自控力较差的学生直接参考答案，逐渐失去独立思考的能力。

考虑到以上问题，本书在呈现方式上有所创新，每套测试题都可以独立使用，题目和答案也分开装订，学生在规定的时间内完成试题后，再核对答案。

**2. 提高试题使用效率**

为了方便教师用真题和模拟题高效地组织模拟训练和考试，使学生在训练和考试过程中更有参与感和竞争感，我们专门开发了针对初赛的测评系统，教师在组织学生训练的时候可以快速对学生的答案进行测评，给出对应的分数，并显示正确答案及每个学生的排名。利用这套测评系统，教师不用再单独对每个学生的试卷进行批改、算分、排名，学生也能及时了解自己的分数和排名。

## 选择本书的理由

CSP-S 初赛和复赛的考查方式和考试形式完全不同。复赛是编程题，需要上机编程实践。而初赛是选择题和判断题，无须编程实践。因此初赛的备考和复赛不同，以真题和模拟题的方式练习知识点是准备初赛比较好的方式。本书包含 CSP-S 初赛的相关知识点和考点，并且把这些知识点融入具体的题目中。

本书还有姊妹篇——《信息学奥赛 CSP-J 初赛通关手册》，两本书都囊括了 10 套真题和 10 套模拟题，并且配备试题参考答案和答案解析（电子版）。此外，书中的题目都按照初赛考试的新考点和新题型设置。

## 本书亮点

**1. 配套初赛检测系统**

本书读者可免费使用线上的“初赛练习”和“初赛测评”功能。

**2. 配套在线评测系统**

本书读者可免费使用在线题库，完成“编程练习”和“编程检测”。

**3. 题型与时俱进**

信息学奥赛的初赛从 2019 年开始对题型进行了调整，新题型只有选择题和判断题，而过去还有填空题。本书的所有题目都按照新题型进行编写，并且对 2014—2018 年的真题也按照新题型进行了重新编排，以适应新的考试题型。

**4. 高质量模拟题**

本书参考往年真题，按照新考点以及新题型编写了 10 套高质量的模拟题。

**5. 强大的教研团队**

本书由教学经验丰富的教师以及竞赛获奖选手共同组成教研团队，能够准确地把握竞赛的考点和范围。

**6. 方便的装帧设计**

为方便读者学习和练习，本书特意设计成每套题都能拆开单独使用的形式，答案也独立装订，更贴近真实的比赛形式。

## 目标读者

本书适合所有准备参加信息学奥赛 CSP- S 初赛的学生和辅导教师使用。

## 关于勘误

虽然我们花了很多时间和精力改编、出题以及编写答案及解析，但仍然难免会有一些错误或纰漏。读者如果发现任何问题或者有任何建议，请将相关信息反馈至电子邮箱 zuofengming123@qq.com。

## 配套资源

本书配套提供初赛检测系统和在线评测系统，所有读者都可通过扫描二维码免费注册使用。另外，该系统提供 VIP 教师管理权限，可以帮助教师更好地开展教学管理工作。

左凤鸣

2024 年春

# 目　录

## 第一部分　配套题库系统介绍


关于初赛检测系统 ……（共 4 页）

关于佐助题库 ……（共 6 页）


## 第二部分　十年精编 CSP-S 初赛真题


2014 全国青少年信息学奥林匹克联赛初赛（提高组）（已根据新题型改编） ……（共 12 页）

2015 全国青少年信息学奥林匹克联赛初赛（提高组）（已根据新题型改编） ……（共 8 页）

2016 全国青少年信息学奥林匹克联赛初赛（提高组）（已根据新题型改编） ……（共 12 页）

2017 全国青少年信息学奥林匹克联赛初赛（提高组）（已根据新题型改编） ……（共 12 页）

2018 全国青少年信息学奥林匹克联赛初赛（提高组）（已根据新题型改编） ……（共 12 页）

2019 CCF 非专业级别软件能力认证第一轮（CSP-S1） ……（共 8 页）

2020 CCF 非专业级别软件能力认证第一轮（CSP-S1） ……（共 12 页）

2021 CCF 非专业级别软件能力认证第一轮（CSP-S1） ……（共 12 页）

2022 CCF 非专业级别软件能力认证第一轮（CSP-S1） ……（共 12 页）

2023 CCF 非专业级别软件能力认证第一轮（CSP-S1） ……（共 12 页）


## 第三部分　十套高质量 CSP-S 初赛模拟题


信息学奥赛 CSP-S 初赛模拟题（一） ……（共 12 页）

信息学奥赛 CSP-S 初赛模拟题（二） ……（共 12 页）

信息学奥赛 CSP-S 初赛模拟题（三） ……（共 12 页）

信息学奥赛 CSP-S 初赛模拟题（四） ……（共 12 页）

信息学奥赛 CSP-S 初赛模拟题（五） ……（共 12 页）

信息学奥赛 CSP-S 初赛模拟题（六） ……（共 12 页）

信息学奥赛 CSP-S 初赛模拟题（七） ……（共 12 页）

信息学奥赛 CSP-S 初赛模拟题（八） ……（共 12 页）

信息学奥赛 CSP-S 初赛模拟题（九） ……（共 12 页）

信息学奥赛 CSP-S 初赛模拟题（十） ……（共 12 页）


## 第四部分　参考答案


十年精编 CSP-S 初赛真题的参考答案 ……（共 8 页）

十套 CSP-S 初赛模拟题的参考答案 ……（共 7 页）

# 关于初赛检测系统

本书在佐助题库中为学生和教师配备了“初赛练习”“初赛测评”等定制功能，适合中小学生练习和准备信息学奥赛 CSP-J/S 的初赛。

## 一、学生功能介绍

### 1. 在线练习

作为配套功能，针对本书的部分题目，学生可以在系统的“初赛练习”（见图 1）里进行线上练习和复习并提交试卷（见图 2）。此外，系统提供“限时测试”和“自由练习”两个功能，如图 3 所示。

佐助题库 题目 题目类别 记录 在线考试 专题训练 初赛练习 初赛测评 班级 排名 test123

**初赛练习列表** 练习记录

输入ID或练习名称 搜索

| ID | 名称 | 简介 | 时长（分钟） |
| --- | --- | --- | --- |
| 1030 | CSP 2021 提高组第一轮 | 信息学奥赛初赛真题（2021年提高组） | 120 |
| 1029 | CSP 2021 入门组第一轮 | 信息学奥赛初赛真题（2021年普及组） | 120 |

图 1

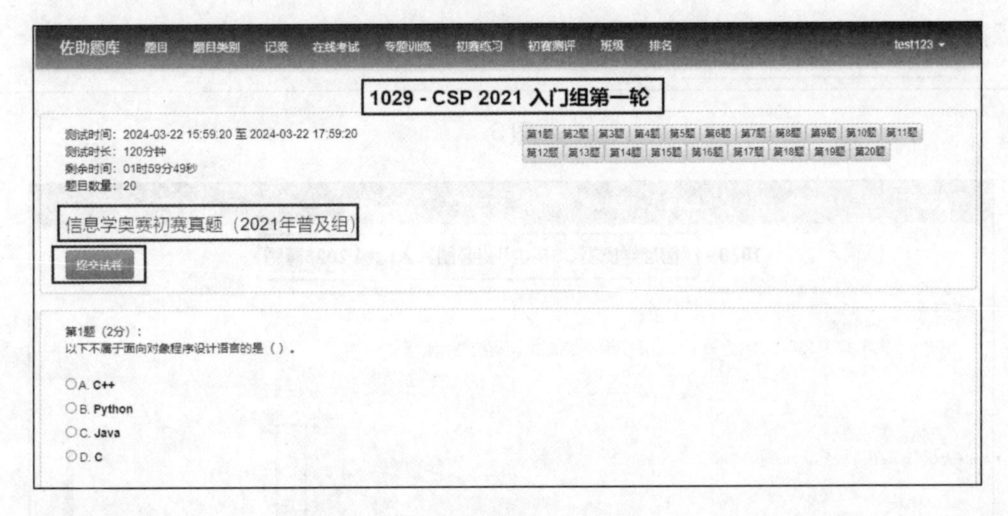


图 2

图 3

如图 4 所示，“初赛练习记录”功能会记录学生所有的练习情况，例如每次练习的时间、得分、错题等，方便学生复习总结。

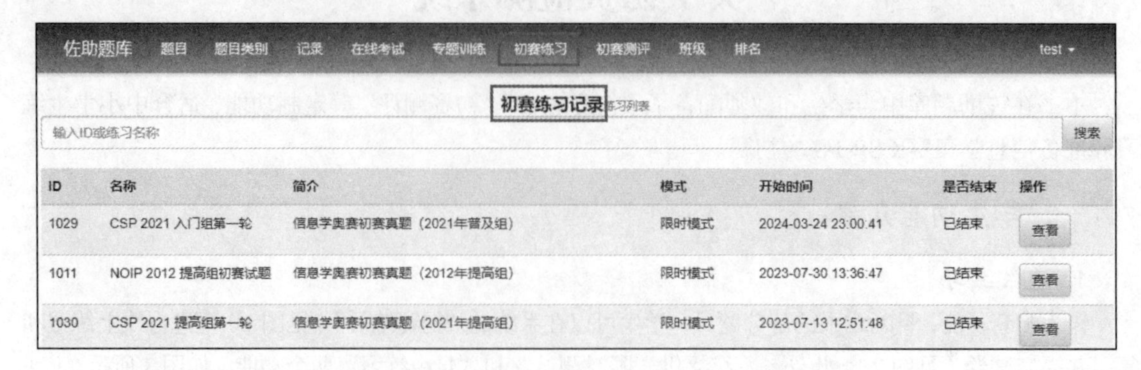


图 4

## 2. 在线检测

如图 5 和图 6 所示，本书的所有题目都可以利用系统的“初赛测评”功能进行检测。此外，学生可以先利用本书完成线下测试，然后完成线上检测并统计分数和排名（见图 7 和图 8）。

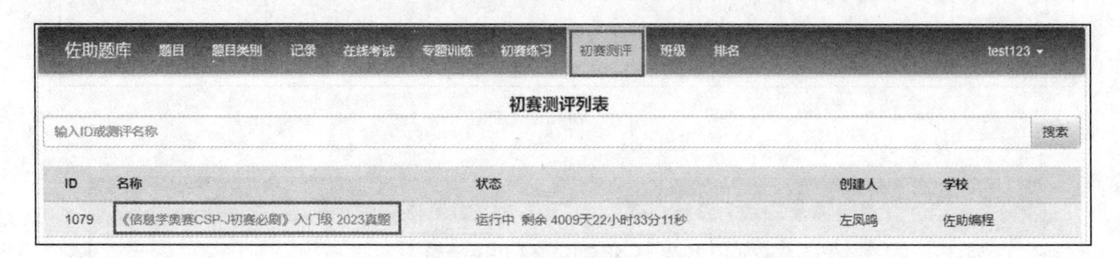


图 5

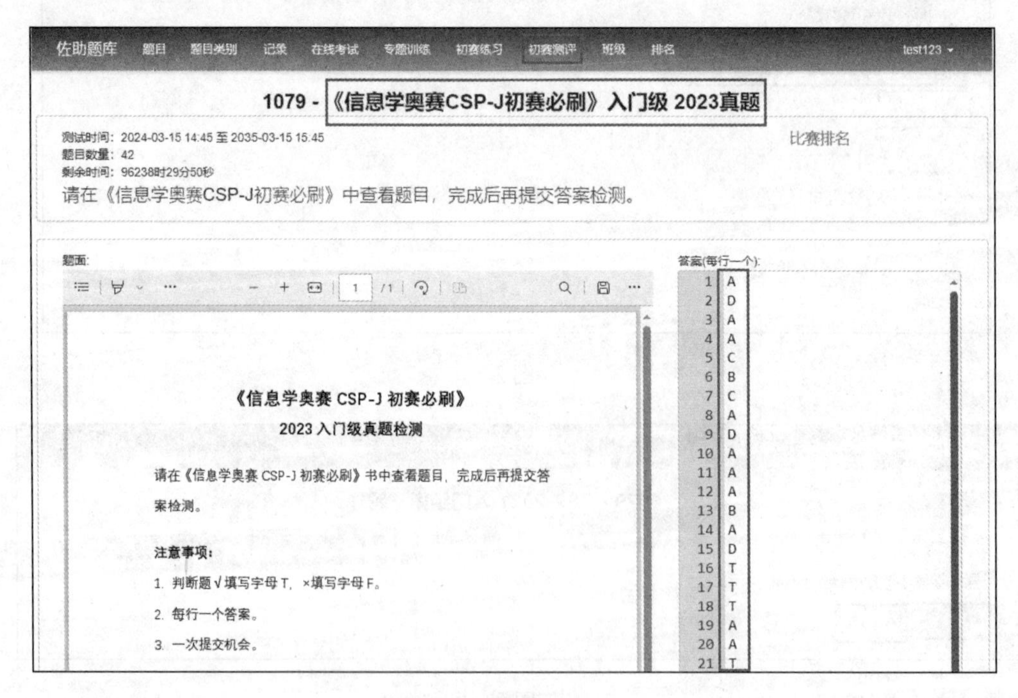


图 6

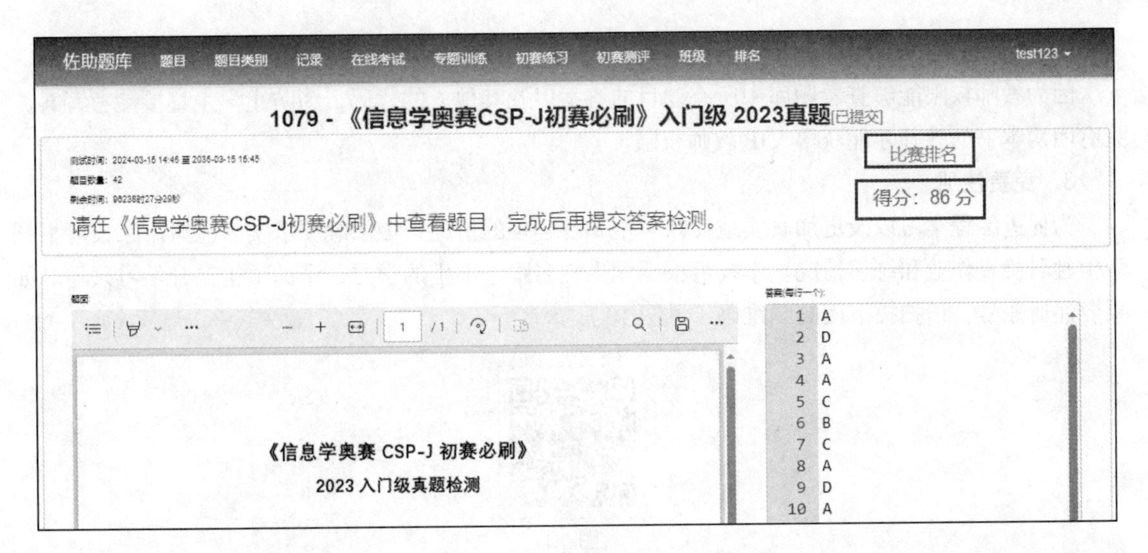


图 7

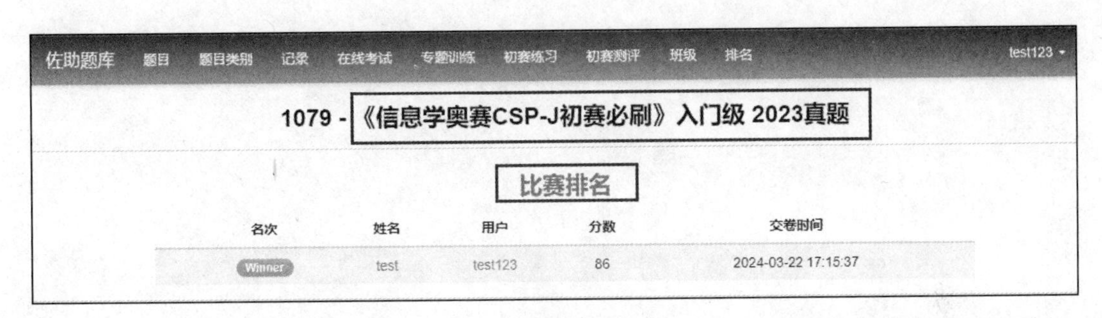


图 8

## 二、教师功能介绍

如图 9 所示，教师可使用“初赛测评管理”功能，组织学生进行初赛模拟测试练习，并在左侧的“初赛测评”模块提交答案，系统会实时计算出每个学生的分数和排名，测试结束后也会显示正确答案。该功能可以帮助教师快速阅卷，同时也方便教师全面了解每个学生的学习情况和对知识的掌握程度。

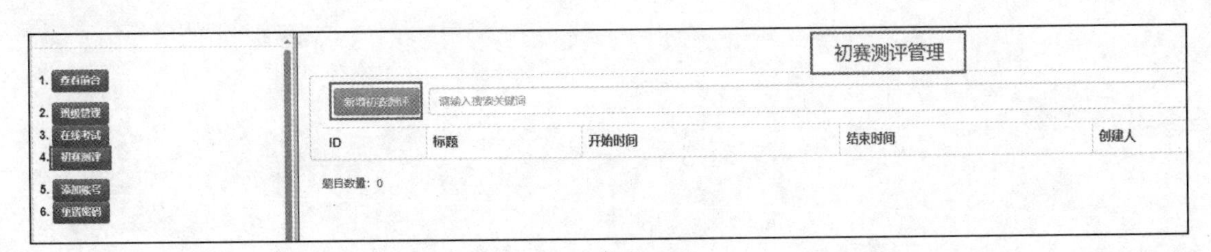


图 9

## 三、功能获取

### 1. 学生功能

购买本书的读者均可通过扫描书中的二维码，免费注册佐助题库并使用所有学生功能。

**2. 教师功能**

因为教师权限能够查看题库中所有题目的答案以及其他人的代码，为防止学生直接参考答案，只有团购本书的教师才能获得 VIP 教师权限。

**3. 免费注册**

为促进编程学习以及更加真实地反映学生和各学校的情况，该系统要求实名注册。家长可根据学生姓名检查作业和练习情况。学校可根据学生姓名跟进学生的学习，帮助学生提升学习兴趣。如果要注册账号，请扫描下面的二维码（见图 10）。

图 10

# 关于佐助题库

佐助题库是一个适合中小学生的编程练习平台，提供了丰富多样的编程题目，并分别针对学生和教师开发了定制功能，对于有进一步学习需求和资源需求的学生和教师，可充分利用佐助题库的相关功能和资源。

## 一、题库特点

1. 题目丰富，类型齐全，难度从基础到提高，涵盖初赛题和复赛题。
2. 题目难度适合中小学生。
3. 界面简洁、分类清晰。
4. 方便学习检测。当遇到错题时，系统会自动返回测试点输出当前数据，并与正确的输出数据进行对比。
5. 有 VIP 教师管理系统。
6. 方便教学管理，教师可以注册和管理学生账号。

## 二、学生功能介绍

### 1. 编程题目

如图 1 所示，题库中有大量练习题，涵盖各阶段的编程练习，学生可根据题目分类、难度等级等有选择性地进行练习。

图 1

### 2. 编程检测

如图 2 所示，每道题都设置了测试点以便系统进行程序检测，学生编写完程序后可提交到题库以检测程序的对错。

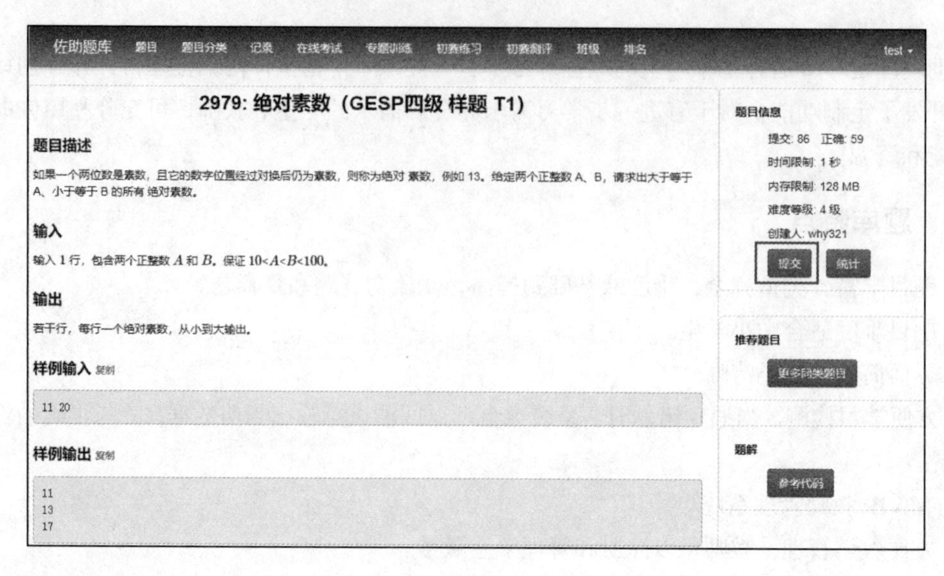


图 2

### 3. 源码暂存

如图 3 所示，学生编写的程序可存储到题库，如果后续需要再次使用或者复习，可直接在题库里查阅。同时该功能也相当于在线笔记，方便学生参考。

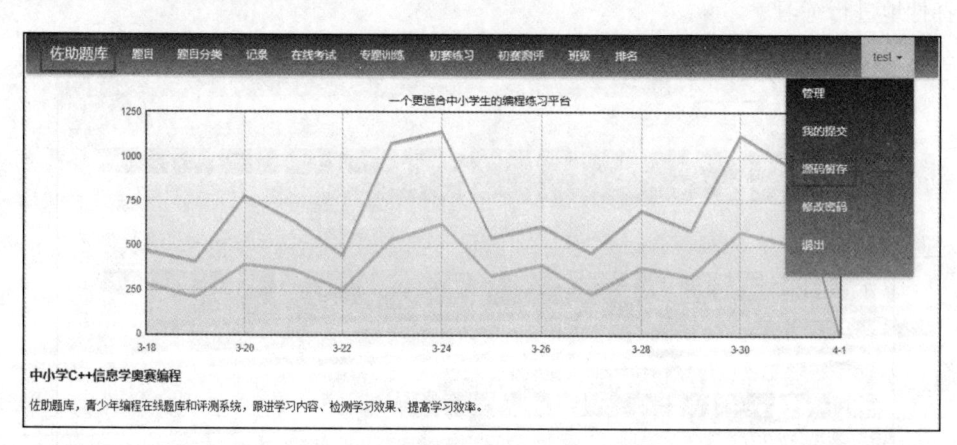


图 3

## 三、教师功能介绍

### 1. 编程题目

教师可选择题库中的各类题目给学生布置作业或者进行模拟测试，系统提供的编程题目类别如下所示：

- C++编程基础题、普及组算法题、提高组算法题；
- 信息学奥林匹克竞赛真题和模拟题；

- 等级考试（如 CCF 编程能力等级认证）真题和模拟题；
- 蓝桥杯真题和模拟题；
- VIP 题目。

2. **班级作业管理**

如图 4 所示，教师可以通过“班级管理”功能创建自己的班级并添加学生。此外，教师还可以布置作业，并设置作业名称、作业简介、开始时间、结束时间，查看学生的作业完成情况，查看学生提交的代码等，如图 5 所示。

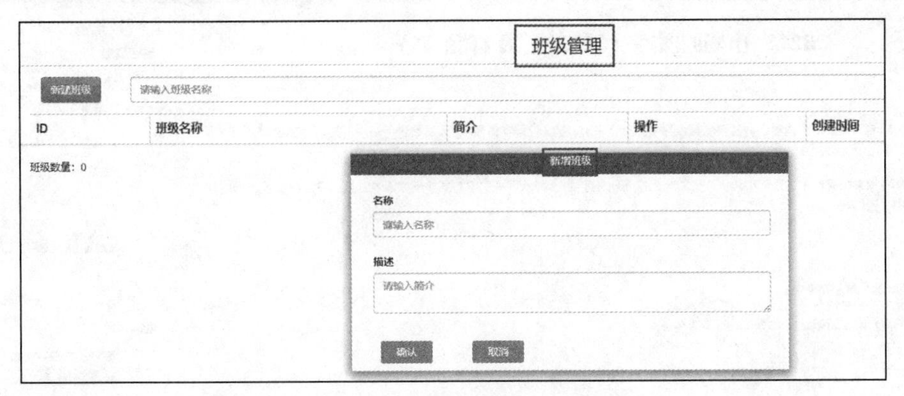


图 4

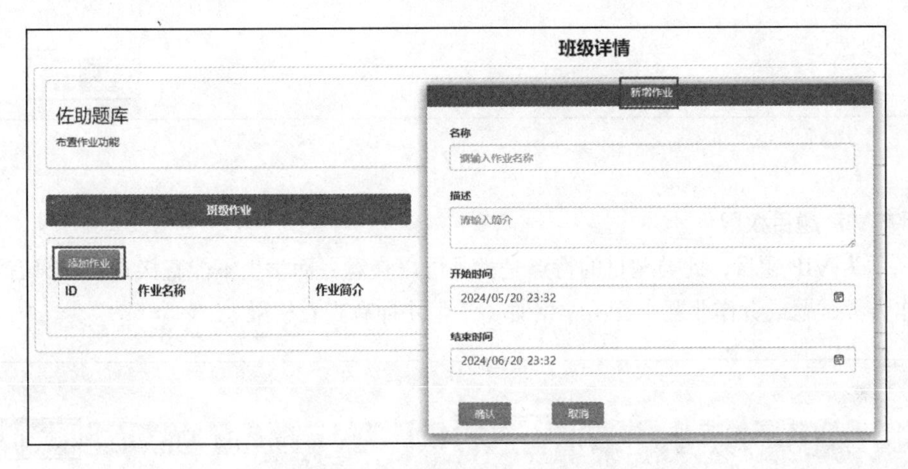


图 5

3. **组织在线考试**

如图 6 所示，教师可以创建在线考试，让学生在规定时间内完成考试，并由教师查看考试情况。

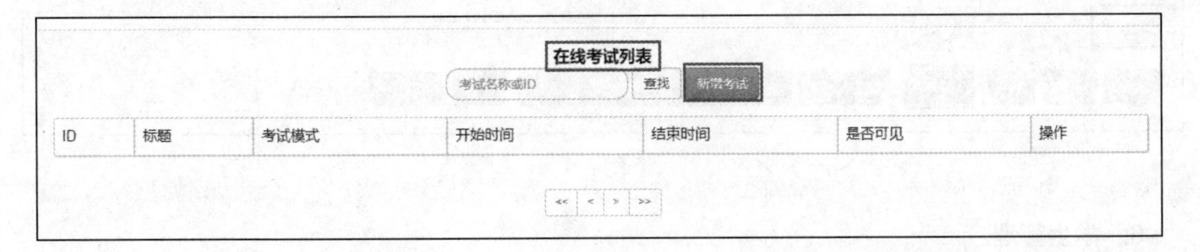


图 6

考试可以设置两种模式：

- ACM 模式——题目程序可以重复提交、检测；
- OI 模式——每个题的程序只能提交一次、检测一次。

#### 4. 查看参考程序

如图 7 所示，教师可查看题库中题目的参考程序，还可以查看其他学生的程序。

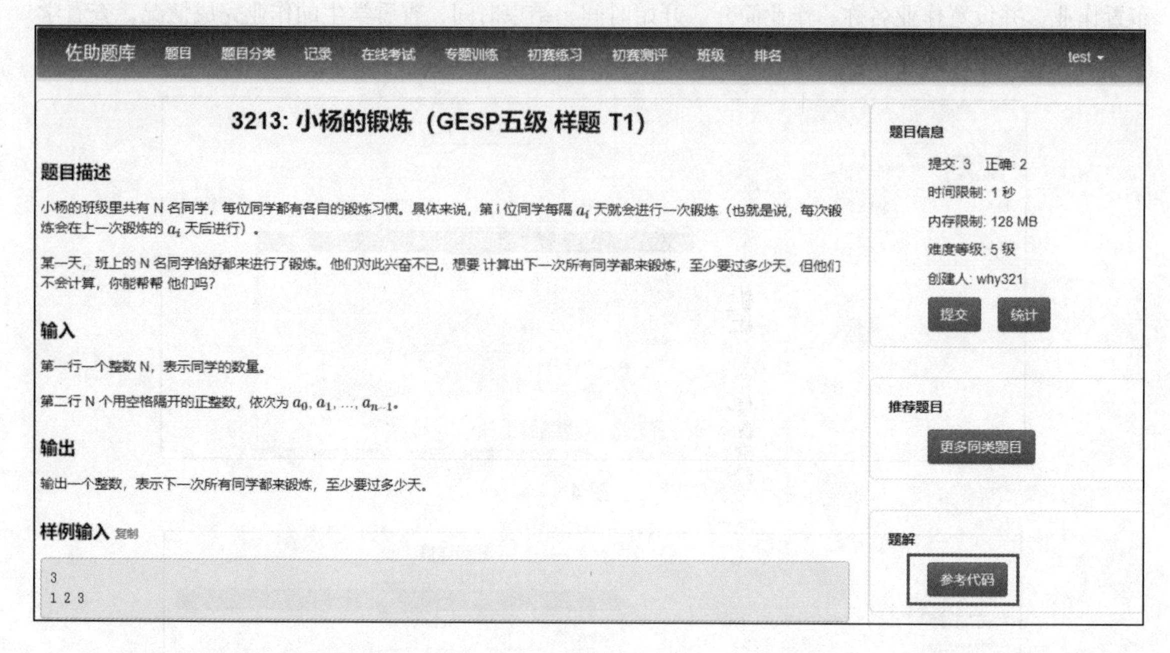


图 7

#### 5. 拥有 VIP 题目权限

图 8 所示为 VIP 题目，此类题目的特点是教师可以查看，而学生不能直接查看。只有当教师把 VIP 题目作为考试题或者作业题布置给学生时，学生才拥有查看权限。

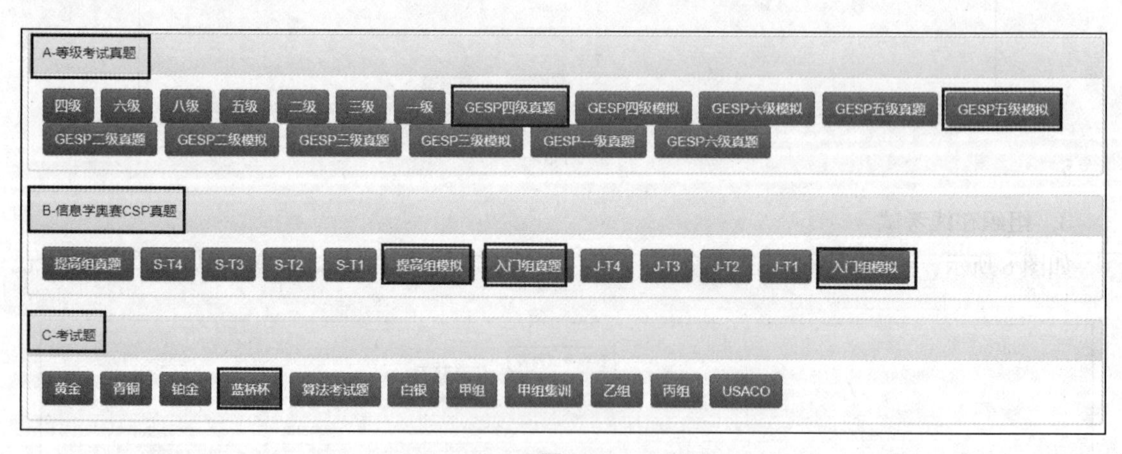


图 8

#### 6. 学生管理

如图 9 所示，教师可以通过“创建账号”功能创建学生账号、重置学生密码等。这项功能可以帮助教师更好地进行教学管理。

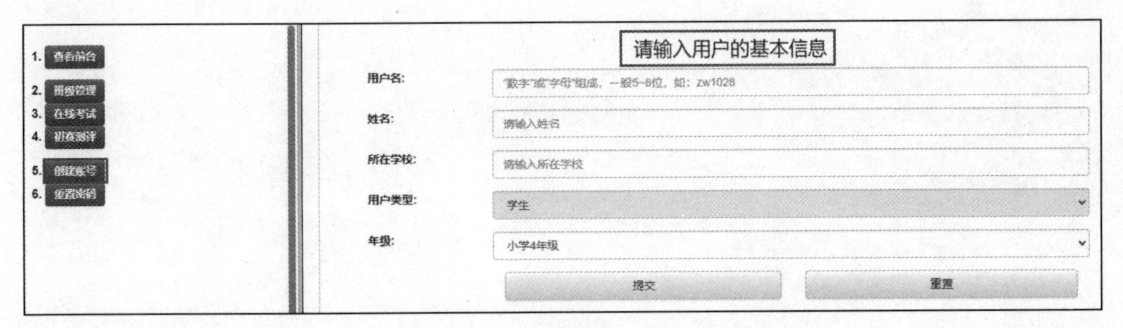


图 9

为促进编程学习以及更加真实地反映学生和各学校的情况，佐助题库系统要求实名注册。如果要注册账号，请扫描下面的二维码（见图 10）。

图 10

# 2014 全国青少年信息学奥林匹克联赛初赛（提高组）

# （已根据新题型改编）

## 提高组 C++语言试题

**注意事项：**

- 本试卷满分 100 分，时间 120 分钟。完成测试后，学生可在“佐助题库”中提交自己的答案进行测评，查看分数和排名。
- 测评方式：登录“佐助题库”，点击“初赛测评”，输入 ID“1050”，密码：123456。
- 未注册“佐助题库”账号的读者，请先根据本书“关于初赛检测系统”的介绍，免费注册账号。

**一、选择题**（共 22 题，第 1～20 题，每题 1.5 分，第 21 和 22 题，每题 5 分，共计 40 分；每题有且仅有一个正确选项）

**1.** 以下哪个选项是面向对象的高级语言？（　　）

A. 汇编语言

B. C++

C. Fortran

D. Basic

**2.** 1TB 代表的字节数量是（　　）。

A. 2 的 10 次方

B. 2 的 20 次方

C. 2 的 30 次方

D. 2 的 40 次方

**3.** 二进制数00100100 和00010101 的和是（　　）。

A. 00101000

B. 001010100

C. 01000101

D. 00111001

**4.** TCP 协议属于哪一层协议？（　　）

A. 应用层

B. 传输层

C. 网络层

D. 数据链路层

**5.** 下列几个32 位IP 地址中，书写错误的是（　　）。

A．162.105.115.27

B．192.168.0.1

C．256.256.129.1

D．10.0.0.1

**6.** 在无向图中，所有顶点的度数之和是边数的（　　）倍。

A．0.5

B．1

C．2

D．4

**7.** 对于长度为 $n$ 的有序单链表，若检索到每个元素的概率相等，则顺序检索到表中任一元素的平均检索长度为（　　）。

A．$n/2$

B．$(n+1)/2$

C．$(n-1)/2$

D．$n/4$

**8.** 编译器的主要功能是（　　）。

A．将一种高级语言翻译成另一种高级语言

B．将源程序翻译成指令

C．将低级语言翻译成高级语言

D．将源程序重新组合

**9.** 二进制数 111.101 所对应的十进制数是（　　）。

A．5.625

B．5.5

C．6.125

D．7.625

**10.** 若有变量 `int a`，`float x, y`，且 `a=7`，`x=2.5`，`y=4.7`，则表达式`x+a%3*(int)(x+y)%2/4`的值大约是（　　）。

A．2.500000

B．2.750000

C．3.500000

D．0.000000

**11.** 有以下结构体说明和变量定义，如下图所示，指针 p、q、r 分别指向一个链表中的 3 个连续结点。

```
struct node {
    int data;
    node *next;
} *p, *q, *r;
```

data next　　data next　　data next

↑p　　↑q　　↑r

现要交换 q 和 r 所指结点的先后位置，同时要保持链表的连续，以下程序段中错误的是（　　）。

A. `q->next = r->next; p->next = r; r->next = q;`

B. `p->next = r; q->next = r->next; r->next = q;`

C. `q->next = r->next; r->next = q; p->next = r;`

D. `r->next = q; q->next = r->next; p->next = r;`

**12.** 同时查找 $2n$ 个数中的最大值和最小值，最少比较次数为（　　）。

A. $3(n-2)/2$

B. $4n-2$

C. $3n-2$

D. $2n-2$

**13.** 设 G 是有 6 个结点的完全图，要得到一棵生成树，需要从 G 中删去（　　）条边。

A. 6

B. 9

C. 10

D. 15

**14.** 在下列选项中，时间复杂度不是 $O(n^2)$的排序方法是（　　）。

A. 插入排序

B. 归并排序

C. 冒泡排序

D. 选择排序

**15.** 以下程序段实现了查找第二小元素的算法。输入由 $n$ 个不等的数构成的数组 S，输出 S 中第二小的数SecondMin。在最坏情况下，该算法需要做（　　）次比较。

```
if (S[1] < S[2]) {
    FirstMin = S[1];
    SecondMin = S[2];
} else {
    FirstMin = S[2];
    SecondMin = S[1];
}
for (i = 3; i <= n; i++)
    if (S[i] < SecondMin)
        if (S[i] < FirstMin) {
            SecondMin = FirstMin;
            FirstMin = S[i];
        } else {
            SecondMin = S[i];
        }
```

A. $2n$

B. $n-1$

C. $2n-3$

D. $2n-2$

**16.** 若逻辑变量 A、C 为真，B、D 为假，以下逻辑运算表达式为真的有（　　）个。

① $(B \vee C \vee D) \vee D \wedge A$

② $((\neg A \wedge B) \vee C) \wedge \neg B$

③ $(A \wedge B) \vee (C \wedge D \vee \neg A)$

④ $A \wedge (D \vee \neg C) \wedge B$

A. 1

B. 2

C. 3

D. 4

**17.** 下列软件属于操作系统软件的是（　　）。

① Microsoft Word　② Windows XP　③ Android　④ Mac OS X

⑤ Oracle

A. ②

B. ②③

C. ②③④

D. ②③④⑤

**18.** 在 NOI 比赛中，对于程序设计题，选手提交的答案不得包含下列哪些内容？（　　）

① 试图访问网络

② 打开或创建题目规定的输入/输出文件之外的其他文件

③ 运行其他程序

④ 改变文件系统的访问权限

⑤ 读写文件系统的管理信息

A. ①②⑤

B. ①②③

C. ①②④

D. ①②③④⑤

**19.** 以下哪些结构可以用来存储图？（　　）

① 邻接矩阵　② 栈　③ 邻接表　④ 二叉树

A. ①③

B. ①②③

C. ①③④

D. ①②③④

**20.** 下列各无符号十进制整数中，能用八位二进制表示的数有（　　）。

① 296　② 133　③ 256　④ 199

A. ②

B. ②④

C. ②③④

D. ①②③④

**21.** 由数字 1，1，2，4，8，8 所组成的不同的四位数的个数是（　　）。

A. 100

B. 102

C. 104

D. 106

**22.** 如下图所示，该图中每条边上的数字表示该边的长度，则从 A 到 E 的最短距离是（　　）。

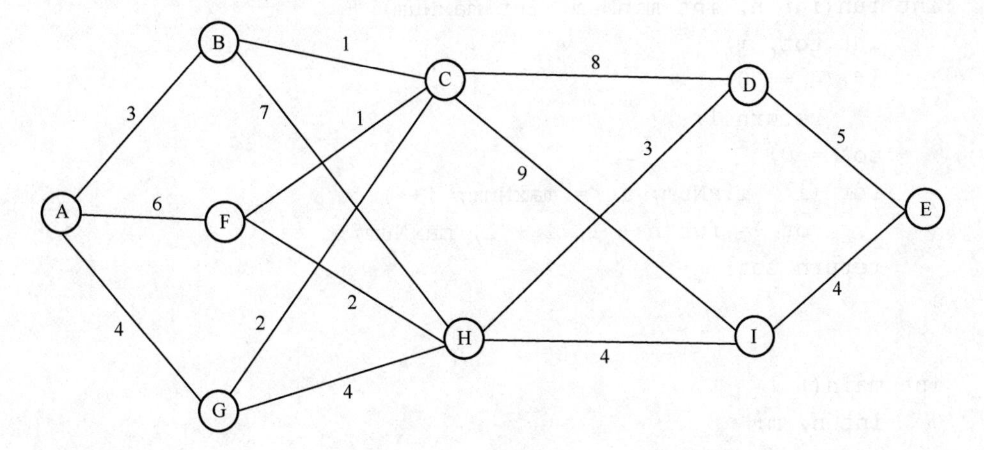


A. 14

B. 15

C. 16

D. 17

## 二、阅读程序（共 4 题，每题 8 分，共计 32 分）

**23.**
```
#include <iostream>
using namespace std;

int main() {

    int a, b, i, tot, c1, c2;
    cin >> a >> b;
    tot = 0;
    for (i = a; i <= b; i++)
    {
        c1 = i / 10;
        c2 = i % 10;

        if ((c1 + c2) % 3 == 0)
            tot++;
    }
    cout << tot << endl;
    return 0;
}
```

输入：7 31　　输出：（　　）。

A. 7

B. 8

C. 9

D. 10

**24.**
```
#include <iostream>
using namespace std;
int fun(int n, int minNum, int maxNum) {
    int tot, i;
    if (n == 0)
        return 1;
    tot = 0;
    for (i = minNum; i <= maxNum; i++)
        tot += fun(n - 1, i + 1, maxNum);
    return tot;
}

int main() {
    int n, m;
    cin >> n >> m;
    cout << fun(m, 1, n) << endl;
    return 0;
}
```

输入：6 3 输出：（　　）。

A. 16

B. 18

C. 20

D. 22

**25.**
```
#include <iostream>
#include <string>
using namespace std;

const int SIZE = 100;

int main() {
    string dict[SIZE];
    int rank[SIZE];
    int  ind[SIZE];
    int i, j, n, tmp;
    cin >> n;
    for (i = 1; i <= n; i++) {
        rank[i] = i;
        ind[i] =  i;
        cin >> dict[i];
    }
```

```
    for (i = 1; i < n; i++)
        for (j = 1; j <= n - i; j++)
            if (dict[ind[j]] > dict[ind[j + 1]]) {
                tmp = ind[j];
                ind[j] = ind[j + 1];
                ind[j + 1] = tmp;
            }
    for (i = 1; i <= n; i++)
        rank[ind[i]] = i;
    for (i = 1; i <= n; i++)
        cout << rank[i] << " ";
        cout << endl;
        return 0;
}
```

输入：

```
7
aaa
aba
bbb
aaa
aaa
ccc
aa
```

输出：（　　）。

**A.** 2 5 6 3 4 7 1

**B.** 6 3 2 5 4 1 7

**C.** 1 7 4 3 6 5 2

**D.** 7 1 4 5 2 3 6

**26.**

```
#include <iostream>
using namespace std;

const int SIZE = 100;

int alive[SIZE];
int n;

int next(int num) {
    do {
    num++;
    if (num > n)
        num = 1;
    } while (alive[num] == 0);
```

```
    return num;
}

int main() {
    int m, i, j, num;
    cin >> n >> m;
    for (i = 1; i <= n; i++)
        alive[i] = 1;
    num = 1;
    for (i = 1; i <= n; i++) {
        for (j = 1; j < m; j++)
            num = next(num);
        alive[num] = 0;
        if (i < n)
            num = next(num);
    }
    cout << num << endl;
    return 0;
}
```

输入：11 3　　输出：（　　）。

A. 7

B. 11

C. 2

D. 8

## 三、完善程序（每题 14 分，共计 28 分）

（一）（双栈模拟数组）只使用两个栈结构 stack1 和 stack2，模拟对数组的随机读取。作为栈结构，stack1 和 stack2 只能访问栈顶（最后一个有效元素）。栈顶指针 top1 和 top2 均指向栈顶元素的下一个位置。

输入的第一行包含两个整数，分别是数组长度 *n* 和访问次数 *m*，中间用单个空格隔开。第二行包含 *n* 个整数，依次给出数组各项（数组下标从 0 到 *n*−1）。第三行包含 *m* 个整数，对应需要访问的数组下标。对于每次访问，输出对应的数组元素。（前两个小题每题 2.5 分，其余每题 3 分，共 14 分）

```
#include <iostream>
using namespace std;

const int SIZE = 100;

int stack1[SIZE], stack2[SIZE];
int top1, top2;
int n, m, i, j;

void clearStack() {
```

```
    int i;
    for (i = top1; i < SIZE; i++)
        stack1[i] = 0;
    for (i = top2; i < SIZE; i++)
        stack2[i] = 0;
}

int main() {
    cin >> n >> m;
    for (i = 0; i < n; i++)
        cin >> stack1[i];
    top1 =____①____;
    top2 =____②____;
    for (j = 0; j < m; j++) {
        cin >> i;
        while (i < top1 - 1) {
            top1--;
            ____③____;
            top2++;
        }
        while (i > top1 - 1) {
            top2--;
            ____④____;
            top1++;
        }
        clearStack();
        cout << stack1[____⑤____] << endl;
    }
    return 0;
}
```

**27.** ①处应该填（　　）。

A. n

B. n-1

C. 0

D. 1

**28.** ②处应该填（　　）。

A. n

B. n-1

C. 0

D. 1

**29.** ③处应该填（　　）。

A. stack1[top1]=stack2[top2]

B. stack2[top2]=stack1[top1]

C. stack1[top2]=stack2[top1]

D. stack2[top1]=stack1[top2]

**30.** ④处应该填（　　）。

A. stack1[top1]=stack2[top2]

B. stack2[top2]=stack1[top1]

C. stack1[top2]=stack2[top1]

D. stack2[top1]=stack1[top2]

**31.** ⑤处应该填（　　）。

A. top1

B. top2

C. top1-1

D. top2-1

（二）（最大子矩阵和）给出 *m* 行 *n* 列的整数矩阵，求最大的子矩阵和（子矩阵不能为空）。

输入第一行包含两个整数 *m* 和 *n*，即矩阵的行数和列数。之后 *m* 行，每行 *n* 个整数，描述整个矩阵。程序最终输出的最大的子矩阵和。（第一小题 2 分，其余每小题 3 分，共 16 分）

```
#include <iostream>
using namespace std;

const int SIZE = 100;
int matrix[SIZE + 1][SIZE + 1];
int rowsum[SIZE + 1][SIZE + 1];     //rowsum[i][j]记录第 i 行前 j 个数的和
int m, n, i, j, first, last, area, ans;

int main() {
    cin >> m >> n;
    for (i = 1; i <= m; i++)
        for (j = 1; j <= n; j++)
            cin >> matrix[i][j];
    ans = matrix____①____;
    for (i = 1; i <= m; i++)
        ____②____;
    for (i = 1; i <= m; i++)
        for (j = 1; j <= n; j++)
            rowsum[i][j] =____③____;
    for (first = 1; first <= n; first++)
        for (last = first; last <= n; last++) {
            ____④____;
            for (i = 1; i <= m; i++) {
                area +=____⑤____;
                if (area > ans)
                    ans = area;
                if (area < 0)
                    area = 0;
```

```
            }
        }
    cout << ans << endl;
    return 0;
}
```

**32.** ①处应该填（　　）。

A. [1]

B. [1][1]

C. [0]

D. [0][0]

**33.** ②处应该填（　　）。

A. rowsum[i][0]=0

B. rowsum[0][i]=0

C. rowsum[i][i]=0

D. rowsum[0][0]=0

**34.** ③处应该填（　　）。

A. rowsum[i-1][j]+matrix[i][j]

B. rowsum[i-1][j]+matrix[i-1][j]

C. rowsum[i][j-1]+matrix[i][j]

D. rowsum[i][j-1]+matrix[i][j-1]

**35.** ④处应该填（　　）。

A. area=0

B. ans=0

C. area++

D. ans++

**36.** ⑤处应该填（　　）。

A. rowsum[last][i]-matrix[first-1][i]

B. rowsum[last][i]-rowsum[first-1][i]

C. rowsum[i][last]-matrix[i][first-1]

D. rowsum[i][last]-rowsum[i][first-1]

# 2015 全国青少年信息学奥林匹克联赛初赛（提高组）

# （已根据新题型改编）

提高组 C++语言试题

**注意事项：**

- 本试卷满分 100 分，时间 120 分钟。完成测试后，学生可在“佐助题库”中提交自己的答案进行测评，查看分数和排名。
- 测评方式：登录“佐助题库”，点击“初赛测评”，输入 ID“1051”，密码：123456。
- 未注册“佐助题库”账号的读者，请先根据本书“关于初赛检测系统”的内容，免费注册账号。

## 一、选择题（共 22 题，第 1～20 题，每题 1.5 分，第 21 和 22 题，每题 5 分，共计 40 分）

**1.** 在计算机内部用来传送、存储、加工处理的数据或指令都是以（　　）形式进行的。

A. 二进制码　　B. 八进制码　　C. 十进制码　　D. 智能拼音码

**2.** 下列说法正确的是（　　）。

A. CPU 的主要任务是执行数据运算和程序控制

B. 存储器具有记忆能力，其中信息任何时候都不会丢失

C. 两个显示器屏幕尺寸相同，则它们的分辨率必定相同

D. 个人用户只能使用 Wi-Fi 的方式连接到 Internet

**3.** 与二进制小数 0.1 相等的十六进制数是（　　）。

A. 0.8　　B. 0.4　　C. 0.2　　D. 0.1

**4.** 下面有 4 个数据组，每个组各有 3 个数据，其中第一个数据为八进制数，第二个数据为十进制数，第三个数据为十六进制数。这 4 个数据组中 3 个数据相同的是（　　）。

A. 120 82 50　　B. 144 100 68　　C. 300 200 C8　　D. 1762 1010 3F2

**5.** 线性表若采用链表存储结构，要求内存中可用存储单元地址（　　）。

A. 必须连续　　B. 部分地址必须连续

C. 一定不连续　　D. 连续不连续均可

**6.** 今有一空栈 S，对下列待进栈的数据元素序列（a，b，c，d，e，f）依次执行进栈，进栈，出栈，进栈，进栈，出栈的操作，则此操作完成后，栈 S 的栈顶元素为（　　）。

A. f　　B. c　　C. a　　D. b

**7.** 前序遍历序列与后序遍历序列相同的二叉树为（　　）。

A. 非叶子结点只有左子树的二叉树　　B. 只有根结点的二叉树

C. 根结点无右子树的二叉树　　D. 非叶子结点只有右子树的二叉树

**8.** 如果根的高度为 1，那么具有 61 个结点的完全二叉树的高度为（　　）。

A. 5　　B. 6　　C. 7　　D. 8

**9.** 6 个顶点的连通图的最小生成树，其边数为（　　）。

A. 6　　B. 5　　C. 7　　D. 4

**10.** 设某算法的计算时间表示为递推关系式 $T(n)=T(n-1)+n$（$n$ 为正整数）及 $T(0)=1$，则该算法的时间复杂度为（　　）。

A. $O(\log n)$　　B. $O(n \log n)$　　C. $O(n)$　　D. $O(n^2)$

**11.** 具有 $n$ 个顶点和 $e$ 条边的图采用邻接表存储结构，对该结构进行深度优先遍历和广度优先遍历运算的时间复杂度均为（　　）。

A. $O(n^2)$　　B. $O(e^2)$　　C. $O(ne)$　　D. $O(n+e)$

**12.** 在数据压缩编码的应用中，哈夫曼（Huffman）算法是一种采用了（　　）思想的算法。

A. 贪心　　B. 分治　　C. 递推　　D. 回溯

**13.** 双向链表中有两个指针域——`llink` 和 `rlink`，分别指回前驱及后继，设 `p` 指向链表中的一个结点，`q` 指向一待插入结点，现要求在 `p` 前插入 `q`，则正确的插入命令为（　　）。

A.
```
p->llink = q; q->rlink = p;
p->llink->rlink = q; q->llink = p->llink;
```
B.
```
q->llink = p->llink; p->llink->rlink = q;
q->rlink = p; p->llink = q->rlink;
```
C.
```
q->rlink = p; p->rlink = q;
p->llink->rlink = q; q->rlink = p;
```
D.
```
p->llink->rlink = q; q->rlink = p;
q->llink = p->llink; p->llink = q;
```

**14.** 为图 G 中各个结点分别指定一种颜色，使相邻结点颜色不同，则称为图 G 的一个正常着色。正常着色图 G 所必需的最少颜色数，称为 G 的色数。那么下图的色数是（　　）。

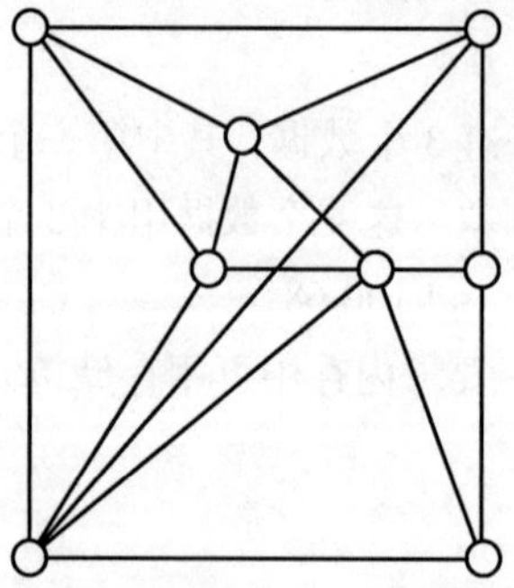

A. 3　　B. 4　　C. 5　　D. 6

**15.** 在 NOI 系列赛事中，参赛选手必须使用由承办单位统一提供的设备。在下列物品中，不允许选手自带的是（　　）。

A. 鼠标　　B. 笔　　C. 身份证　　D. 准考证

**16.**（多选题）以下属于操作系统的有（　　）。

A. Windows XP　　B. UNIX　　C. Linux　　D. Mac OS

**17.**（多选题）下列属于视频文件格式的有（　　）。

A. AVI　　B. MPEG　　C. WMV　　D. JPEG

**18.**（多选题）下列选项不是正确的 IP 地址的有（　　）。

A. 202.300.12.4　　B. 192.168.0.3　　C. 100:128:35:91　　D. 111-120-35-21

**19.**（多选题）下列有关树的叙述中正确的有（　　）。

A. 在含有 $n$ 个结点的树中，边数只能是（$n$−1）条

B. 在哈夫曼树中，叶结点的个数比非叶结点个数多 1

C. 完全二叉树一定是满二叉树

D. 在二叉树的前序序列中，若结点 $u$ 在结点 $v$ 之前，则 $u$ 一定是 $v$ 的祖先

**20.**（多选题）以下图中一定可以进行黑白染色的有（　　）。（黑白染色：为各个结点分别指定黑白两种颜色之一，使相邻结点颜色不同。）

A. 二分图　　B. 完全图　　C. 树　　D. 连通图

**21.**（5 分）在 1 和 2015 之间（包括 1 和 2015 在内）不能被 4、5、6 这 3 个数任意一个数整除的数有（　　）个。

A. 1075　　B. 1042　　C. 774　　D. 1058

**22.**（5 分）结点数为 5 的不同形态的二叉树一共有（　　）种。（结点数为 2 的二叉树一共有 2 种：一种是根结点和左儿子结点，另一种是根结点和右儿子结点。）

A. 42　　B. 30　　C. 24　　D. 14

## 二、阅读程序（共 4 题，每题 7.5 分，共计 30 分）

**23.**

```
#include <iostream>
using namespace std;
struct point {
    int x;
    int y;
};
int main() {
    struct EX{
        int a;
        int b;
        point c;
    } e;
    e.a = 1;
    e.b = 2;
    e.c.x = e.a + e.b;
    e.c.y = e.a * e.b;
    cout << e.c.x << ',' << e.c.y << endl;
    return 0;
}
```

此程序的输出为（　　）

A. 2,3　　B. 3,2　　C. 1,2　　D. 2,1

**24.**
```
#include <iostream>
using namespace std;
void fun(char *a, char *b)
    { a = b;
    (*a)++;
}
int main() {
    char c1, c2, *p1, *p2;
    c1 = 'A';
    c2 = 'a';
    p1 = &c1;
    p2 = &c2;
    fun(p1, p2);
    cout << c1 << c2 << endl;
    return 0;
}
```

此程序的输出为（　　）。

A. ba　　B. aa　　C. Ba　　D. Ab

**25.**
```
#include <iostream>
#include <string>
using namespace std;
int main() {
    int len, maxlen;
    string s, ss;
    maxlen = 0;
    do {
        cin >> ss;
        len = ss.length();
        if (ss[0] == '#')
            break;
        if (len > maxlen)
            { s = ss;
            maxlen = len;
        }
    } while (true);
    cout << s << endl;
    return 0;
}
```

输入:

```
I
am
a
```

```
citizen
of
China
#
```

输出（　　）

A. China　　B. citizen　　C. am　　D. I

**26.**
```
#include <iostream>
using namespace std;
int fun(int n, int fromPos, int toPos)
    { int t, tot;
    if (n == 0)
        return 0;
    for (t = 1; t <= 3; t++)
        if (t != fromPos && t != toPos)
            break;
    tot = 0;
    tot += fun(n - 1, fromPos, t);
    tot++;
    tot += fun(n - 1, t, toPos);
    return tot;
}

int main()
    { int n;
    cin >> n;
    cout << fun(n, 1, 3) << endl;
    return 0;
}
```

输入：5

输出（　　）。

A. 16　　B. 15　　C. 63　　D. 31

**三、完善程序（共10题，每题3分，共计30分）**

（一）（双子序列最大和）给定一个长度为 $n$（$3 \leqslant n \leqslant 1000$）的整数序列，要求从中选出两个连续子序列，使得这两个连续子序列的序列和之和最大，最终只需输出这个最大和。一个连续子序列的序列和为该连续子序列中所有数之和。要求：每个连续子序列长度至少为 1，且两个连续子序列之间至少间隔 1 个数。

```
#include <iostream>
using namespace std;

const int MAXN = 1000;
int n, i, ans, sum;
int x[MAXN];
```

```
int lmax[MAXN];
// lmax[i]为仅含 x[i]及 x[i]左侧整数的连续子序列的序列和中的最大序列和
int rmax[MAXN];
// rmax[i]为仅含 x[i]及 x[i]右侧整数的连续子序列的序列和中的最大序列和
int main() {
    cin >> n;
    for (i = 0; i < n; i++)
        cin >> x[i];
    lmax[0] = x[0];
    for (i = 1; i < n; i++)
        if (lmax[i - 1] <= 0)
            lmax[i] = x[i];
        else
            lmax[i] = lmax[i - 1] + x[i];
    for (i = 1; i < n; i++)
        if (lmax[i] < lmax[i - 1])
            lmax[i] = lmax[i - 1];
    ____①____;
    for (i = n - 2; i >= 0; i--)
        if (rmax[i + 1] <= 0)
            ____②____;
        else
            ____③____;
    for (i = n - 2; i >= 0; i--)
        if (rmax[i] < rmax[i + 1])
            ____④____;
    ans = x[0] + x[2];
    for (i = 1; i < n - 1; i++)
        { sum = ____⑤____;
        if (sum > ans)
            ans = sum;
    }
    cout << ans << endl;
    return 0;
}
```

**27.** ①处应填（　　）。

A. `rmax[n] = x[n]`　　B. `rmax[n - 1] = x[n - 1]`

C. `rmax[0] = x[0]`　　D. `rmax[1] = x[1]`

**28.** ②处应填（　　）。

A. `rmax[i] = x[i]`　　B. `rmax[i] = rmax[i + 1]`

C. `rmax[i] = rmax[i + 1] + x[i]`　　D. `rmax[i] = x[n-1]`

**29.** ③处应填（　　）。

A. `rmax[i] = rmax[i + 1]`　　B. `rmax[i] = x[i]`

C. `rmax[i] = rmax[i + 1] + x[i]`　　D. `rmax[i] = x[n-1]`

**30.** ④处应填（　　）。

A. `rmax[i] = x[i]`

B. `rmax[i] = rmax[i + 1]`

C. `rmax[i] = rmax[i + 1] + x[i]`

D. `rmax[i] = x[n-1]`

**31.** ⑤处应填（　　）。

A. `lmax[i] + rmax[i]`

B. `lmax[i-1] + rmax[i+1]`

C. `lmax[i] + rmax[i + 1]`

D. `lmax[i-1] + rmax[i]`

（二）（最短路径问题）无向连通图 $G$ 有 $n$ 个结点，依次编号为 0,1,2,⋯,$(n-1)$。用邻接矩阵的形式给出每条边的边长，要求输出以结点 0 为起点出发，到各结点的最短路径长度。

使用 Dijkstra 算法解决该问题：利用 dist 数组记录当前各结点与起点的已找到的最短路径长度；每次从未扩展的结点中选取 dist 值最小的结点 $v$ 进行扩展，更新与 $v$ 相邻的结点的 dist 值；不断进行上述操作直至所有结点均被扩展，此时 dist 数据中记录的值即各结点与起点的最短路径长度。

```
#include <iostream>
using namespace std;

const int MAXV = 100;
int n, i, j, v;
int w[MAXV][MAXV]; // 邻接矩阵，记录边长
// 其中 w[i][j]为连接结点 i 和结点 j 的无向边长度，若无边则为-1
int dist[MAXV];
int used[MAXV]; // 记录结点是否已扩展（0：未扩展；1：已扩展）

int main() {
    cin >> n;
    for (i = 0; i < n; i++)
        for (j = 0; j < n; j++)
            cin >> w[i][j];
    dist[0] = 0;
    for (i = 1; i < n; i++)
        dist[i] = -1;
    for (i = 0; i < n; i++)
        used[i] = 0;
    while (true) {
        ____①____;
        for (i = 0; i < n; i++)
            if (used[i] != 1 && dist[i] != -1 && (v == -1 || ____②____))
                ____③____;
        if (v == -1)
            break;
        ____④____;
        for (i = 0; i < n; i++)
            if (w[v][i] != -1 && (dist[i] == -1 || ____⑤____))
                dist[i] = dist[v] + w[v][i];
    }
```

```
    for (i = 0; i < n; i++)
        cout << dist[i] << endl;
    return 0;
}
```

**32.** ①处应填（　　）。

A. `v = 0`　　B. `v = -1`

C. `used[v] = 1`　　D. `dist[v] = -1`

**33.** ②处应填（　　）。

A. `dist[i] < dist[v]`　　B. `dist[i] == dist[v]`

C. `dist[i] != dist[v]`　　D. `dist[i] > dist[v]`

**34.** ③处应填（　　）。

A. `dist[i] = dist[v]`　　B. `i = v`

C. `dist[v] = dist[i]`　　D. `v = i`

**35.** ④处应填（　　）。

A. `dist[v] = 0`　　B. `used[v] = 1`

C. `dist[i] = 0`　　D. `used[i] = 1`

**36.** ⑤处应填（　　）。

A. `dist[v] + w[v][i] < dist[i]`　　B. `dist[v] < dist[i]`

C. `dist[v] + w[v][i] > dist[i]`　　D. `dist[v] > dist[i]`

# 2016全国青少年信息学奥林匹克联赛初赛（提高组）

# （已根据新题型改编）

## 提高组C++语言试题

**注意事项：**

- 本试卷满分100分，时间120分钟。完成测试后，学生可在“佐助题库”中提交自己的答案进行测评，查看分数和排名。
- 测评方式：登录“佐助题库”，点击“初赛测评”，输入ID“1052”，密码：123456。
- 未注册“佐助题库”账号的读者，请先根据本书“关于初赛检测系统”的介绍，免费注册账号。

**一、选择题**（共22题，1～20题，每题1.5分，21和22题每题5分，共计40分；每题有且仅有一个正确选项）

**1.** 以下不是微软公司出品的软件是（　　）。

A. PowerPoint　　B. Word

C. Excel　　D. Acrobat Reader

**2.** 如果开始时计算机处于小写字母输入状态，现在有一只小老鼠反复按照CapsLock、字母键A、字母键S和字母键D的顺序来回按键，即CapsLock、A、S、D、S、A、CapsLock、A、S、D、S、A、CapsLock、A、S、D、S、A、……，那么屏幕上输出的第81个字符是字母（　　）。

A. A　　B. S　　C. D　　D. a

**3.** 二进制数00101100和01010101异或计算的结果是（　　）。

A. 00101000　　B. 01111001　　C. 01000100　　D. 00111000

**4.** 与二进制小数0.1相等的八进制数是（　　）。

A. 0.8　　B. 0.4　　C. 0.2　　D. 0.1

**5.** 以比较作为基本运算，在$N$个数中找最小数的最少运算次数为（　　）。

A. $N$　　B. $N-1$　　C. $N^2$　　D. $\log N$

**6.** 表达式`a*(b+c)-d`的后缀表达形式为（　　）。

A. `abcd*+-`　　B. `abc+*d-`

C. `abc*+d-`　　D. `-+*abcd`

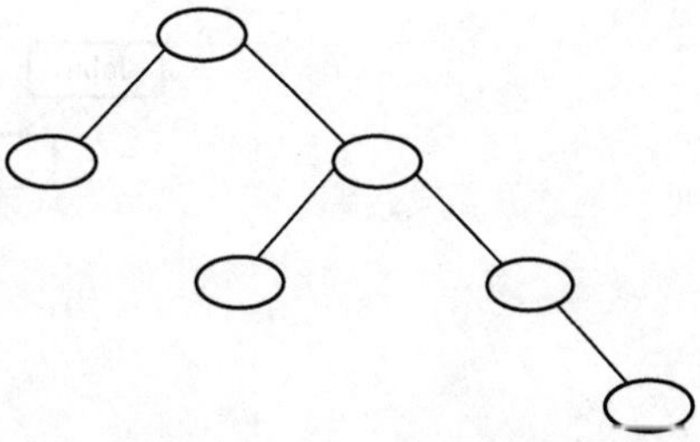

**7.** 一棵二叉树如右图所示，若采用二叉树链表存储该二叉树（各个结点包括结点的数据、左孩子指针、右孩子指针）。如果没有左孩子指针或者右孩子指针，则对应的为空指针。那么该链表中空指针的数目为(　　)。

A. 6　　B. 7　　C. 12　　D. 14

**8.** G 是一个非连通简单无向图，共有 28 条边，则该图至少有（　　）个顶点。

A. 10　　B. 9　　C. 8　　D. 7

**9.** 某计算机的 CPU 和内存之间的地址总线宽度是 32 位（bit），这台计算机最多可以使用（　　）的内存。

A. 2GB　　B. 4GB　　C. 8GB　　D. 16GB

**10.** 有以下程序：

```
#include <iostream>
using namespace std;

int main() {
     int k = 4, n = 0;
     while (n < k) {
          n++;
          if (n % 3 != 0)
                    continue;
          k--;
     }
     cout << k << "," << n << endl;
     return 0;
}
```

程序运行后的输出结果是（　　）。

A. 2,2　　B. 2,3　　C. 3,2　　D. 3,3

**11.** 有 7 个完全相同的苹果，放到 3 个相同的盘子中，一共有（　　）种放法。

A. 7　　B. 8　　C. 21　　D. $3^7$

**12.** Lucia 和她的朋友以及朋友的朋友都在某社交网站上注册了账号。下图是他们之间的关系图，两个人之间有边相连代表这两个人是朋友，没有边相连代表不是朋友。这个社交网站的规则是：如果某人 *A* 向他（她）的朋友 *B* 分享了某张照片，那么 *B* 就可以对该照片进行评论；如果 *B* 评论了该照片，那么他（她）的所有朋友都可以看见这个评论以及被评论的照片，但是不能对该照片进行评论（除非 *A* 也向这个人分享了该照片）。现在 Lucia 已经上传了一张照片，但是她不想让 Jacob 看见这张照片，那么她可以向以下朋友（　　）分享该照片。

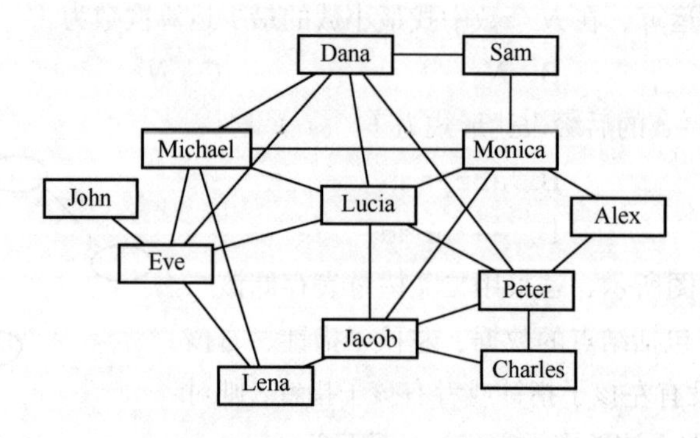

A. Dana，Michael，Eve　　　　B. Dana，Eve，Monica

C. Michael，Eve，Jacob　　　　D. Micheal，Peter，Monica

**13.** 周末小明和爸爸、妈妈想一起动手做三道菜。小明负责洗菜、爸爸负责切菜、妈妈负责炒菜。假设做每道菜的顺序都是：先洗菜 10 分钟，然后切菜 10 分钟，最后炒菜 10 分钟，那么做一道菜需要 30 分钟。注意：两道不同的菜的相同步骤不可以同时进行。例如第一道菜和第二道的菜不能同时洗，也不能同时切。那么做完三道菜的最短时间需要（　　）分钟。

A. 90　　　　B. 60　　　　C. 50　　　　D. 40

**14.** 假设某算法的计算时间表示为以下递推关系式

$$T(n) = 2T\left(\frac{n}{4}\right) + \sqrt{n}$$

$$T(1) = 1$$

则算法的时间复杂度为（　　）。

A. $O(n)$　　　　B. $O(\sqrt{n})$　　　　C. $O(\sqrt{n}\log n)$　　　　D. $O(n^2)$

**15.** 给定含有 $n$ 个不同的数的数组 $L=<x_1,x_2,...,x_n>$。如果 $L$ 中存在 $x_i(1<i<n)$ 使得 $x_1<x_2<\cdots<x_{i-1}<x_i>x_{i+1}>\cdots>x_n$，则称 $L$ 是单峰的，并称 $x_i$ 是 $L$ 的“峰顶”。现在已知 $L$ 是单峰的，请把 a ~ c 这三行代码补全到算法中，使得算法正确找到 $L$ 的峰顶。

```
a. Search(k+1,n)
b. Search(1,k-1)
c. return L[k]
```

```
Search(1, n)
1. k← [n/2]
2. if L[k] > L[k-1] and L[k] > L[k+1]
3. then ___________
4. else if L[k] > L[k-1] and L[k] < L[k+1]
5. then ___________
6. else ___________
```

正确的填空顺序是（　　）。

A. c，a，b　　　　B. c，b，a　　　　C. a，b，c　　　　D. b，a，c

**16.** 以下不属于无线通信技术的是（　　）。

A. 蓝牙　　　　B. Wi-Fi　　　　C. GPRS　　　　D. 以太网

**17.** 可以将单个计算机接入计算机网络中的网络接入通信设备是（　　）。

A. 网卡　　　　B. 光驱　　　　C. 鼠标　　　　D. 显卡

**18.** 下列算法中运用分治思想的是（　　）。

A. 选择排序　　　　B. 归并排序

C. 冒泡排序　　　　D. 计数排序

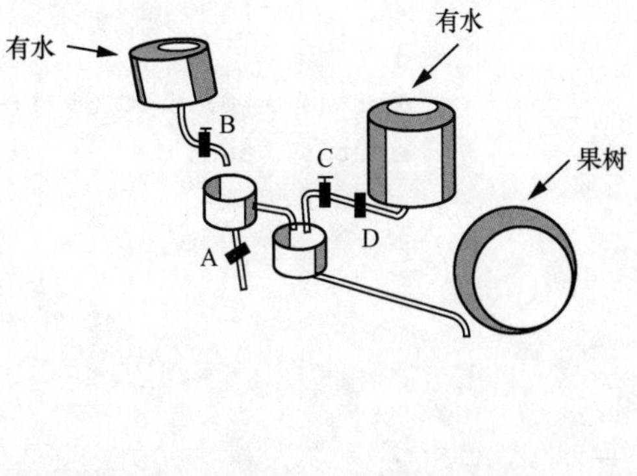

**19.** 右图表示一个果园灌溉系统，有 A、B、C、D 4 个阀门，每个阀门可以打开或关上，所有管道粗细相同，在以下设置阀门的方法中，可以让果树浇上水的是（　　）。

A. B 打开，其他都关上　　B. AB 都打开，CD 都关上

C. A 打开，其他都关上　　D. D 打开，其他都关上

**20.** 在参加 NOI 比赛时，以下物品不能带入考场的是（　　）。

A. 钢笔　　B. 适量的衣服　　C. U 盘　　D. 铅笔

**21.**（5 分）一个 1×8 的方格图形（不可旋转）用黑、白两种颜色填涂每个方格。如果每个方格只能填涂一种颜色，且不允许两个黑格相邻，共有（　　）种填涂方案。

A. 34　　B. 65　　C. 55　　D. 46

**22.**（5 分）某中学在安排期末考试时发现，有 7 个学生要参加 7 门课程的考试，下表列出了哪些学生参加哪些考试（用√表示要参加相应的考试）。最少要安排（　　）个不同的考试时间段才能避免冲突。

| 考试 | 学生 1 | 学生 2 | 学生 3 | 学生 4 | 学生 5 | 学生 6 | 学生 7 |
|---|---|---|---|---|---|---|---|
| 通用技术 | √ | | | | √ | | √ |
| 物理 | √ | √ | | | | | √ |
| 化学 | | √ | | √ | | | |
| 生物 | √ | | | | √ | √ | |
| 历史 | | | √ | √ | | √ | |
| 地理 | | √ | √ | | | | √ |
| 政治 | | | √ | | | √ | |

A. 2　　B. 3　　C. 4　　D. 5

## 二、阅读程序（共 4 题，每题 8 分，共计 32 分）

**23.**

```
#include <iostream>
using namespace std;
int main() {
    int a[6] = {1, 2, 3, 4, 5, 6};
    int pi = 0;
    int pj = 5;
    int t , i;
    while (pi < pj) {
        t = a[pi];
        a[pi] = a[pj];
        a[pj] = t;
        pi++;
        pj--;
    }
    for (i = 0; i < 6; i++)  cout << a[i] << ",";
    cout << endl;
    return 0;
}
```

程序的输出为（　　）。

A. 6,5,3,4,2,1　　B. 1,2,3,4,5,6　　C. 1,2,4,3,5,6　　D. 6,5,4,3,2,1

**24.**

```
#include <iostream>
using namespace std;
int main() {
    char a[100][100], b[100][100];
    string c[100];
    string tmp;
    int n, i = 0, j = 0, k = 0, total_len[100], length[100][3];
    cin >> n;
    getline(cin, tmp);
    for (i = 0; i < n; i++) {
        getline(cin, c[i]);
        total_len[i] = c[i].size();
    }
    for (i = 0; i < n; i++) {
        j = 0;
        while (c[i][j] != ':') {
            a[i][k] = c[i][j];
            k = k + 1;
            j++;
        }
        length[i][1] = k - 1;
        a[i][k] = 0;
        k = 0;
        for (j = j + 1; j < total_len[i]; j++) {
            b[i][k] = c[i][j];
            k = k + 1;
        }
        length[i][2] = k - 1;
        b[i][k] = 0;
        k = 0;
    }
    for (i = 0; i < n; i++) {
        if (length[i][1] >= length[i][2])  cout << "NO,";
        else {
            k = 0;
            for (j = 0; j < length[i][2]; j++) {
                if (a[i][k] == b[i][j])  k = k + 1;
                if (k > length[i][1]) break;
            }
            if (j == length[i][2])
                cout << "NO,";
```

```
            else
                cout << "YES,";
        }
    }
    cout << endl;
    return 0;
}
```

程序的输入为:

```
3 AB:ACDEbFBkBD
AR:ACDBrT
SARS:Severe Atypical Respiratory Syndrome
```

程序的输出为（　　）。

（注：输入的各行前后均无空格。）

A. YES,NO,YES　　B. YES,YES,YES　　C. NO,YES,NO　　D. YES,NO,NO

**25.**

```
#include<iostream>
using namespace std;

int lps(string seq, int i, int j) {
    int len1, len2;
    if (i == j) return 1;
    if (i > j) return 0;
    if (seq[i] == seq[j])
        return lps(seq, i + 1, j - 1) + 2;
    len1 = lps(seq, i, j - 1);
    len2 = lps(seq, i + 1, j);
    if (len1 > len2)
        return len1;
    return len2;
}

int main() {
    string seq = "acmerandacm";
    int n = seq.size();
    cout << lps(seq, 0, n - 1) << endl;
    return 0;
}
```

程序的输出为（　　）。

A. 2　　B. 3　　C. 4　　D. 5

**26.**

```
#include <iostream>
#include <cstring>
```

```
using namespace std;
int map[100][100];
int sum[100], weight[100];
int visit[100];
int n;

void dfs(int node) {
    visit[node] = 1;
    sum[node] = 1;
    int v, maxw = 0;
    for (v = 1; v <= n; v++) {
        if (!map[node][v] || visit[v])
            continue;
        dfs(v);
        sum[node] += sum[v];
        if (sum[v] > maxw) maxw = sum[v];
    }
    if (n - sum[node] > maxw)
        maxw = n - sum[node];
    weight[node] = maxw;
}

int main() {
    memset(map, 0, sizeof(map));
    memset(sum, 0, sizeof(sum));
    memset(weight, 0, sizeof(weight));
    memset(visit, 0, sizeof(visit));
    cin >> n;
    int i, x, y;
    for (i = 1; i < n; i++) {
        cin >> x >> y;
        map[x][y] = 1;
        map[y][x] = 1;
    }
    dfs(1);
    int ans = n, ansN = 0;
    for (i = 1; i <= n; i++) if (weight[i] < ans) {
            ans = weight[i];
            ansN = i;
        }
    cout << ansN << " " << ans << endl;
    return 0;
}
```

输入：

```
1 1
1 2
1 3
2 4
2 5
2 6
3 7
7 8
7 11
6 9
9 10
```

程序的输出为（　　）。

A. 2 4　　B. 2 5　　C. 1 1 4　　D. 1 1 5

**三、完善程序**（共2题，每题14分，共计28分）

（一）（交朋友）根据社会学研究表明，人们都喜欢找和自己身高相近的人做朋友。现在有 *n* 名身高互不相同的同学依次走入教室，调查人员想预测每个人在走进教室的瞬间最想和已经进入教室的哪个人做朋友。当有两名同学和这名同学的身高差相同时，这名同学会更想和高的那个人做朋友。比如一名身高为1.80米的同学进入教室时，有一名身高为1.79米的同学和一名身高为1.81米的同学在教室里，那么这名身高为1.80米的同学会更想和身高为1.81米的同学做朋友。对于第一个走入教室的同学我们不做预测。

由于我们知道所有人的身高和走进教室的次序，所以我们可以采用离线的做法来解决这样的问题，我们用排序加链表的方式帮助每一个人找到在他之前进入教室并且和他身高最相近的人。（第一小题2分，其余小题每题3分）

```
#include <iostream>
using namespace std;
#define MAXN 200000
#define infinity 2147483647

int answer[MAXN], height[MAXN], previous[MAXN], next[MAXN];
int rank[MAXN];
int n;

void sort(int l, int r) {
    int x = height[rank[(l + r) / 2]], i = l, j = r, temp;
    while (i <= j) {
    while (height[rank[i]] < x) i++;
    while (height[rank[j]] > x) j--;
        if (_____①_____) {
            temp = rank[i];
            rank[i] = rank[j];
            rank[j] = temp;
            i++;
            j--;
        }
```

```
        }
        if (i < r) sort(i, r);
        if (l < j) sort(l, j);
    }

    int main() {
        cin >> n;
        int i, higher, shorter;
        for (i = 1; i <= n; i++) {
            cin >> height[i];
            rank[i] = i;
        }
        sort(1, n);
        for (i = 1; i <= n; i++) {
            previous[rank[i]] = rank[i - 1];
            ____②____;
        }
        for (i = n; i >= 2; i--) {
            higher = shorter = infinity;
            if (previous[i] !=0)
                shorter = height[i] - height[previous[i]];
            if (next[i] != 0)
            ____③____;
            if (____④____)
                answer[i] = previous[i];
            else
                answer[i] = next[i];
            next[previous[i]] = next[i];
            ____⑤____;
        }
        for (i = 2; i <= n; i++)
            cout << i << ":" << answer[i];
        return 0;
    }
```

**27.** ①处应填（　　）。

A. `i<=j`　　B. `j<=i`　　C. `i<j`　　D. `j<i`

**28.** ②处应填（　　）。

A. `next[rank[i]]=rank[i-1]`　　B. `next[rank[i]]=rank[i+1]`

C. `next[rank[i+1]]=rank[i]`　　D. `next[rank[i+1]]=rank[i-1]`

**29.** ③处应填（　　）。

A. `higher=height[i]-height[next[i]]`

B. `higher=height[i]-height[previous[i]]`

C. `higher=height[next[i]]-height[i]`

D. `higher=height[previous[i]]-height[i]`

**30.** ④处应填（　　）。

A. `shorter>higher`　　B. `shorter!=higher`

C. `shorter==higher`　　D. `shorter<higher`

**31.** ⑤处应填（　　）。

A. `previous[next[i]]=previous[i]`　　B. `previous[i]=0`

C. `next[i]=0`　　D. `previous[next[i]]=0`

（二）（交通中断）有一个小国家，国内有 *n* 座城市和 *m* 条双向的道路，每条道路连接着两座不同的城市。其中 1 号城市为国家的首都。由于地震频繁可能导致某一个城市与外界交通全部中断。这个国家的首脑想知道，如果只有第 i（i>1）个城市因地震而导致交通中断时，从首都到多少个城市的最短路径长度会发生改变。如果因为无法通过第 i 个城市而导致从首都出发无法到达某个城市，则认为到达该城市的最短路径长度改变。

对于每一个城市 i，假定只有第 i 个城市与外界交通中断，请输出有多少个城市到首都的最短路径长度会因此发生改变。

我们采用邻接表的方式存储图的信息，其中 head[x]表示顶点 x 的第一条边的编号，next[i]表示第 i 条边的下一条边的编号，point[i]表示第 i 条边的终点，weight[i]表示第 i 条边的长度。（第一小题 2 分，其余小题每题 3 分）

```
#include <iostream>
#include <cstring>
using namespace std;
#define MAXN 6000
#define MAXM 100000
#define infinity 2147483647

int head[MAXN], next[MAXM], point[MAXM], weight[MAXM];
int queue[MAXN], dist[MAXN], visit[MAXN];
int n, m, x, y, z, total = 0, answer;

void link(int x,int y,int z) {
    total++;
    next[total] = head[x];
    head[x] = total;
    point[total] = y;
    weight[total] = z;
    total++;
    next[total] = head[y];
    head[y] = total;
    point[total] = x;
    weight[total] = z;
}
```

```
int main() {
    int i, j, s, t;
    cin >> n >> m;
    for (i = 1; i <= m; i++) {
        cin >> x >> y >> z;
        link(x, y, z);
    }
    for (i = 1; i <= n; i++) dist[i] = infinity;
    ___①___;
    queue[1] = 1;
    visit[1] = 1;
    s = 1;
    t = 1;
    // 使用 SPFA 求出第一个点到其余各点的最短路径长度
    while (s <= t) {
        x = queue[s % MAXN];
        j = head[x];
        while (j != 0) {
            if (___②___) {
                dist[point[j]] = dist[x] + weight[j];
                if (visit[point[j]] == 0) {
                    t++;
                    queue[t % MAXN] = point[j];
                    visit[point[j]] = 1;
                }
            }
            j = next[j];
        }
        ___③___;
        s++;
    }
    for (i = 2; i <= n; i++) {
        queue[1] = 1;
        memset(visit, 0, sizeof(visit));
        visit[1] = 1;
        s = 1;
        t = 1;
        while (s <= t) { // 判断最短路径长度是否不变
            x = queue[s];
            j = head[x];
            while (j != 0) {
                if (point[j] != i && ___④___ &&visit[point[j]] == 0) {
                    ___⑤___;
                    t++;
                    queue[t] = point[j];
```

```
                }
                j = next[j];
            }
            s++;
        }
        answer = 0;
        for (j = 1; j <= n; j++)
            answer += 1 - visit[j];
        cout << i << ":" << answer - 1 << endl;
    }
    return 0;
}
```

**32.** ①处应填（　　）。

A. dist[0]=0　　B. dist[0]=-1　　C. dist[1]=0　　D. dist[1]=-1

**33.** ②处应填（　　）。

A. dist[x]+weight[j]<dist[point[j]]

B. dist[x]+weight[j]>dist[point[j]]

C. dist[x]+weight[j]!=dist[point[j]]

D. dist[x]+weight[j]==dist[point[j]]

**34.** ③处应填（　　）。

A. t++　　B. visit[x]=0　　C. visit[x]=1　　D. t-

**35.** ④处应填（　　）。

A. dist[x]+weight[j]<dist[point[j]]

B. dist[x]+weight[j]>dist[point[j]]

C. dist[x]+weight[j]!=dist[point[j]]

D. dist[x]+weight[j]==dist[point[j]]

**36.** ⑤处应填（　　）。

A. visit[point[j]]=1

B. visit[point[j]]=0

C. visit[j]=1

D. visit[j]=0

# 2017 全国青少年信息学奥林匹克联赛初赛（提高组）

# （已根据新题型改编）

## 提高组 C++语言试题

**注意事项：**

- 本试卷满分 100 分，时间 120 分钟。完成测试后，学生可在“佐助题库”中提交自己的答案进行测评，查看分数和排名。
- 测评方式：登录“佐助题库”，点击“初赛测评”，输入 ID “1053”，密码：123456。
- 未注册“佐助题库”账号的读者，请先根据本书“关于初赛检测系统”的介绍，免费注册账号。

**一、选择题**（共 22 题，第 1～20 题，每题 1.5 分，第 21 和 22 题，每题 5 分，共计 40 分）

**1.** 从（　　）年开始，NOIP 竞赛不再支持 Pascal 语言。

A. 2020

B. 2021

C. 2022

D. 2023

**2.** 在 8 位二进制补码中，10101011 表示的数是十进制下的（　　）。

A. 43

B. −85

C. −43

D. −84

**3.** 分辨率为 1600 像素×900 像素、16 位色的位图，存储图像信息所需的空间为（　　）。

A. 2812.5KB

B. 4218.75KB

C. 4320KB

D. 2880KB

**4.** 2017 年 10 月 1 日是星期日，1949 年 10 月 1 日是（　　）。

A. 星期三

B. 星期日

C. 星期六

D. 星期二

**5.** 设 $G$ 是有 $n$ 个结点、$m$ 条边（$n \leqslant m$）的连通图，必须删去 $G$ 的（　　）条边，才能使得 $G$ 变成一棵树。

A. $m-n+1$

B. $m-n$

C. $m+n+1$

D. $n-m+1$

**6.** 若某算法的计算时间表示为递推关系式：

$$T(N)=2T(N/2)+N\log N \quad T(1)=1$$

则该算法的时间复杂度为（　　）。

A. $O(N)$

B. $O(N\log N)$

C. $O(N\log^2 N)$

D. $O(N^2)$

**7.** 表达式 a*(b+c)*d 的后缀形式是（　　）。

A. abcd*+*

B. abc+*d*

C. a*bc+*d

D. b+c*a*d

**8.** 由 4 个不同的顶点构成的简单无向连通图的个数是（　　）。

A. 32

B. 35

C. 38

D. 41

**9.** 将 7 个名额分给 4 个不同的班级，允许有的班级没有名额，有（　　）种不同的分配方案。

A. 60

B. 84

C. 96

D. 120

**10.** 若 $f[0]=0$，$f[1]=1$，$f[n+1]=(f[n]+f[n-1])/2$，则随着 $i$ 的增大，$f[i]$将接近于（　　）。

A. 1/2

B. 2/3

C. $\frac{\sqrt{5}-1}{2}$

D. 1

**11.** 设 $A$ 和 $B$ 是两个长为 $n$ 的有序数组，现在需要将 $A$ 和 $B$ 合并成一个排好序的数组，请问任何以元素比较作为基本运算的归并算法在最坏情况下至少要做（　　）次比较。

A. $n^2$

B. $n\log n$

C. $2n$

D. $2n-1$

**12.** 在 $n$（$n \geqslant 3$）枚硬币中有一枚质量不合格的硬币（质量过轻或质量过重），如果只有一架天平可以用来称重且称重的硬币数没有限制，下面是找出这枚不合格的硬币的算法。请把 a ~ c 这三行代码补全到算法中。

a. A←X∪Y

b. A←Z

c. n←|A|

算法 Coin(A, n)

1. k←⌊n/3⌋
2. 将 A 中硬币分成 X，Y，Z 三个集合，使得|X|=|Y|=k，|Z|=n−2k
3. if W(X)≠W(Y)　//W(X)，W(Y)分别为 $X$ 或 $Y$ 的重量
4. then ________
5. else ________
6. ________
7. if n>2 then goto 1
8. if n=2 then 任取 A 中 1 枚硬币与拿走硬币比较，若不相等，则它不合格；若相等，则 A 中剩下的硬币不合格。
9. if n=1 then A 中硬币不合格。

正确的填空顺序是（　　）。

A. b，c，a

B. c，b，a

C. c，a，b

D. a，b，c

**13.** 有正实数构成的数字三角形排列形式如下图所示。第一行的数为 $a_{11}$；第二行的数从左到右依次为 $a_{21}$，$a_{22}$；……第 $n$ 行的数为 $a_{n1}$，$a_{n2}$，…，$a_{nn}$。从 $a_{11}$ 开始，每一行的数 $a_{ij}$ 只有两条边可以分别通向下一行的两个数 $a_{(i+1)j}$ 和 $a_{(i+1)(j+1)}$。用动态规划算法找出一条从 $a_{11}$ 向下通到 $a_{n1}$，$a_{n2}$，…，$a_{nn}$ 中某个数的路径，使得该路径上的数之和达到最大。令 C[i,j]是从 $a_{11}$ 到 $a_{ij}$ 的路径上的数的最大和，并且 C[i,0]=C[0,j]=0，则 C[i,j]=（　　）。

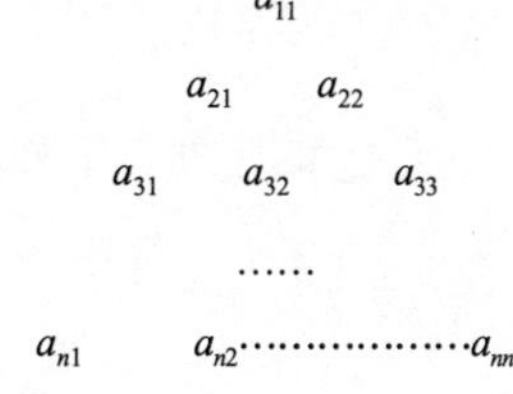


A. max{C[i-1, j-1]，C[i-1, j]}+$a_{ij}$

B. C[i-1, j-1]+C[i-1, j]

C. max{C[i-1, j-1]，C[i-1, j]}+1

D. max{C[i, j-1],C[i-1, j]}+$a_{ij}$

**14.** 小明要去南美洲旅游，一共乘坐三趟航班才能到达目的地，其中第 1 个航班准点的概率是 0.9，第 2 个航班准点的概率为 0.8，第 3 个航班准点的概率为 0.9。如果存在第 $i$ 个（$i$=1,2）

航班晚点，第 $i$+1 个航班准点，则小明将赶不上第 $i$+1 个航班，旅行失败；除了这种情况，其他情况下旅行都能成功。请问小明此次旅行成功的概率是（ ）。

A. 0.5

B. 0.648

C. 0.72

D. 0.74

**15.** 儿童游乐场有个游戏叫作“欢乐喷球”，正方形场地中心能不断喷出彩色乒乓球，以场地中心为圆心还有一个圆形轨道，轨道上有一列小火车在匀速运动，火车有六节车厢。假设乒乓球等概率落到正方形场地的每个地点，包括火车车厢。当小朋友玩这个游戏时，只能坐在同一节火车车厢里，可以在自己的车厢里捡落在该车厢内的所有乒乓球，每个人每次游戏有 3 分钟时间，则一个小朋友独自玩一次游戏期望可以得到（ ）个乒乓球。假设乒乓球喷出的速度为每秒 2 个，每节车厢的面积是整个场地面积的 1/20。

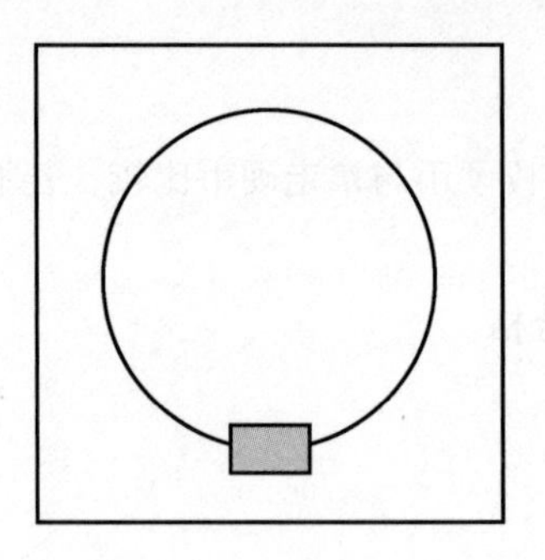

A. 60

B. 108

C. 18

D. 20

**16.**（**多选题**）以下排序算法在最坏情况下时间复杂度最优的有（ ）。

A. 冒泡排序

B. 快速排序

C. 归并排序

D. 堆排序

**17.** 对于入栈顺序为 a，b，c，d，e，f，g 的序列，下列出栈序列中不可能合法的是（ ）。

A. a，b，c，d，e，f，g

B. a，d，c，b，e，g，f

C. a，d，b，c，g，f，e

D. g，f，e，d，c，b，a

**18.** 在下列算法中，（ ）是稳定的排序算法。

A. 快速排序

B. 堆排序

C. 希尔排序

D. 插入排序

**19.**（多选题）以下是面向对象的高级语言的有（　　）。

A. 汇编语言

B. C++

C. Fortran

D. Java

**20.**（多选题）以下与计算机领域密切相关的奖项有（　　）。

A. 奥斯卡奖

B. 图灵奖

C. 诺贝尔奖

D. 王选奖

**21.**（5 分）如下图所示，共有 13 个格子。对任何一个格子进行一次操作，会使其本身以及与之上下左右相邻的格子中的数字改变（由 1 变 0，或由 0 变 1）。现在要使所有格子中的数字都变为 0，至少需要的操作次数为（　　）。

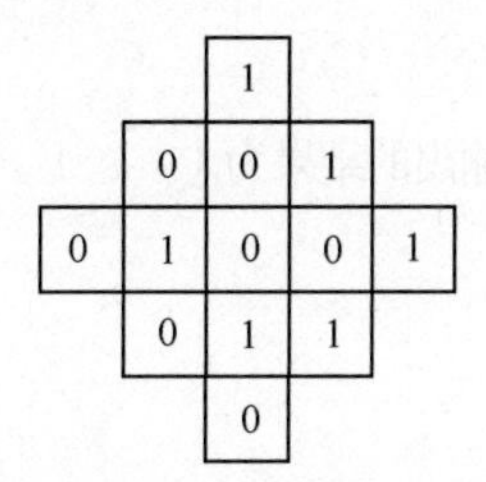


A. 2　　　　B. 3　　　　C. 4　　　　D. 5

**22.**（5 分）如下图所示，A 到 B 是连通的。假设删除一条细边的代价是 1，删除一条粗边的代价是 2，要让 A、B 不连通，最小代价和最小代价的不同方案数分别是（　　）。（只要删除的边有一条不同，就是不同的方案。）

A. 4，9

B. 5，9

C. 4，10

D. 5，10

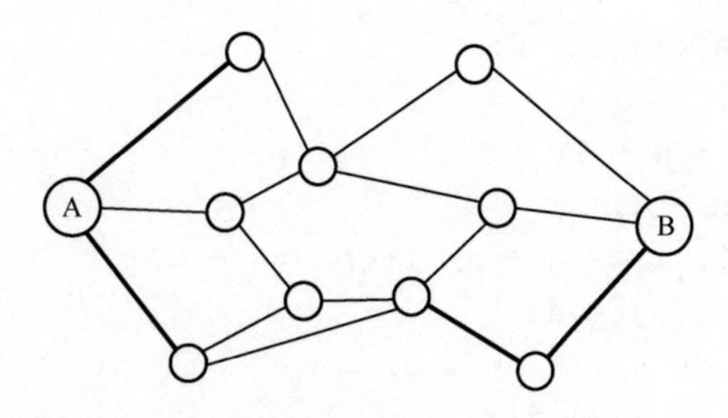


## 二、阅读程序（共 4 题，每题 8 分，共计 32 分）

（一）

```
#include <iostream>
using namespace std;
```

```
int g(int m, int n, int x)
{ int ans = 0;
    int i;
    if (n == 1)
        return 1;
    for (i = x; i <= m / n; i++)
        ans += g(m - i, n - 1, i);
    return ans;
}

int main() {
    int t, m, n;
    cin >> m >> n;
    cout << g(m, n, 0) << endl;
    return 0;
}
```

**23.** 阅读以上程序，输入 84 后，输出的结果为（　　）。

A. 13

B. 14

C. 15

D. 16

（二）

```
#include <iostream>
using namespace std;

int main() {
    int n, i, j, x, y, nx, ny;
    int a[40][40];
    for (i = 0; i < 40; i++)
        for (j = 0; j < 40; j++)
            a[i][j] = 0;
    cin >> n;
    y = 0; x = n - 1;
    n = 2 * n - 1;
   for (i = 1; i <= n * n; i++)
        { a[y][x] = i;
        ny = (y - 1 + n) % n;
        nx = (x + 1) % n;
        if ((y == 0 && x == n - 1) || a[ny][nx] != 0)
            y = y + 1;
        else { y = ny; x = nx; }
    }
    for (j = 0; j < n; j++)
```

```
            cout << a[0][j] << " ";
        cout << endl;
        return 0;
  }
```

**24.** 阅读以上程序，输入 3 后输出的结果为（　　）。

A. 17 24 1 8 15

B. 15 8 1 24 17

C. 17 23 4 10 11

D. 11 0 4 23 17

（三）

```
    include <iostream>
    using namespace std;

    int n, s, a[100005], t[100005], i;
    void mergesort(int l, int r) { if (l == r)
            return;
        int mid = (l + r) / 2;
        int p = l;
        int i = l;
        int j = mid + 1; mergesort(l,
        mid); mergesort(mid + 1, r);
        while (i <= mid && j <= r) {
            if (a[j] < a[i]) {
                s += mid - i + 1;
                t[p] = a[j];
                p++;
                j++;
            }
            else {
                t[p] = a[i];
                p++;
                i++;
            }
        }
        while (i <= mid)
            { t[p] = a[i];
            p++;
            i++;
        }
        while (j <= r)
            { t[p] =
            a[j]; p++;
            j++;
        }
```

```
        for (i = l; i <= r; i++)
            a[i] = t[i];
    }

    int main() {


        cin >> n;
        for (i = 1; i <= n; i++)
            cin >> a[i];
        mergesort(1, n);
        cout << s << endl;
    return 0;
    }
```

**25.** 阅读以上程序，输入 6 2 6 3 4 5 1 后的程序输出为（　　）。

A. 4

B. 6

C. 8

D. 10

（四）

```
#include <iostream>
using namespace std;
 int main() {
     int n, m;
     cin >> n >> m;
     int x = 1;
     int y = 1;
    int dx = 1;
    int dy = 1;
    int cnt = 0;
     while (cnt != 2)
        { cnt = 0;
        x = x + dx;
        y = y + dy;
        if (x == 1 || x == n) {
            ++cnt;
            dx = -dx;
        }
        if (y == 1 || y == m) {
            ++cnt;
            dy = -dy;
        }
     }
     cout << x << " " << y << endl;
```

```
    return 0;
}
```

阅读上面的程序，回答如下3个问题：

**26.**（2分）输入4 3后，程序的输出是（　　）。

A. 4 3

B. 4 1

C. 1 3

D. 1 1

**27.**（3分）输入2017 1014后，程序的输出是（　　）。

A. 2017 1014

B. 2017 1

C. 1 1014

D. 1 1

**28.**（3分）输入987 321后，程序的输出是（　　）。

A. 987 321

B. 987 1

C. 1 321

D. 1 1

**三、完善程序**（共2题，每题14分，共计28分）

（一）（大整数除法）给定两个正整数p和q，其中p不超过$10^{100}$，q不超过100000，求p除以q的商和余数。（第一小题2分，其余小题每题3分）

输入：第一行是p的位数n，第二行是正整数p，第三行是正整数q。输出：两行，分别是p除以q的商和余数。

```
#include <iostream>
using namespace std;

int p[100];
int n, i, q, rest;
char c;

int main() {
    cin >> n;
    for (i = 0; i < n; i++)
        { cin >> c;
          p[i] = c - '0';
    }
    cin >> q;
    rest = ____①____;
    i = 1;
```

```
    while (____②____ && i < n)
        { rest = rest * 10 + p[i];
        i++;
    }
    if (rest < q)
        cout << 0 << endl;
    else {
        cout <<____③____;
        while (i < n) {
            rest = ____④____;
            i++;
            cout << rest / q;
        }
        cout << endl;
    }
    cout <<____⑤____<< endl;
    return 0;
}
```

**29.** ①处应填（　　）。

A. n

B. q

C. p

D. p[0]

**30.** ②处应填（　　）。

A. rest<q

B. rest<=q

C. rest>q

D. rest>=q

**31.** ③处应填（　　）。

A. rest/q

B. rest+q

C. rest*10+q

D. rest%q

**32.** ④处应填（　　）。

A. rest%q*10+p[i]

B. rest%q+p[i]

C. rest%n*10+p[i]

D. rest%n+p[i]

**33.** ⑤处应填（　　）。

A. rest%q

B. rest/q

C. rest%p[i]

D. rest/p[i]

（二）（最长路径）给定一个有向无环图，每条边长度为 1，求图中的最长路径长度。（第五小题 2 分，其余小题每题 3 分。）

输入：第一行是结点数 $n$（不超过 100）和边数 $m$，接下来的 $m$ 行，每行两个整数 $a$ 和 $b$，表示从结点 $a$ 到结点 $b$ 有一条有向边。结点标号从 0 到（$n$–1）。

输出：最长路径长度。

提示：先进行拓扑排序，然后按照拓扑排序计算最长路径。

```
#include <iostream> using namespace std;
int n, m, i, j, a, b, head, tail, ans;
int graph[100][100];        // 用邻接矩阵存储图
int degree[100];            // 记录每个结点的入度
int len[100];               // 记录以各结点为终点的最长路径长度
int queue[100];             // 存放拓扑排序结果
int main() {
    cin >> n >> m;
    for (i = 0; i < n; i++)
        for (j = 0; j < n; j++)
            graph[i][j] = 0;
    for (i = 0; i < n; i++)
        degree[i] = 0;
    for (i = 0; i < m; i++)
        { cin >> a >> b;
        graph[a][b] = 1;
        _____①_____;
    }
    tail = 0;
    for (i = 0; i < n; i++)
        if (_____②_____) {
            queue[tail] = i;
            tail++;
        }
    head = 0;
    while (tail < n - 1) {
        for (i = 0; i < n; i++)
            if (graph[queue[head] ][i] == 1) {
                _____③_____;
                if (degree[i] == 0) {
                    queue[tail] = i; tail++;
                }
            }
        _____④_____;
    }
    ans = 0;
```

```
    for (i = 0; i < n; i++)
        { a = queue[i];
        len[a] = 1;
        for (j = 0; j < n; j++)
            if (graph[j][a] == 1 && len[j] + 1 > len[a])
                len[a] = len[j] + 1;
            if (    ⑤    )
                ans = len[a];

        }
        cout << ans << endl;
        return 0;
    }
```

**34.** ①处应填（　　）。

A. `degree[b]--`

B. `degree[b]++`

C. `degree[a]--`

D. `degree[a]++`

**35.** ②处应填（　　）。

A. `degree[i]>1`

B. `degree[i]`

C. `degree[i]==1`

D. `!degree[i]`

**36.** ③处应填（　　）。

A. `degree[i]--`

B. `degree[i]++`

C. `degree[head]--`

D. `degree[tail]--`

**37.** ④处应填（　　）。

A. `head--`

B. `tail++`

C. `head++`

D. `tail--`

**38.** ⑤处应填（　　）。

A. `ans<len[a]`

B. `ans<len[j]`

C. `ans>len[a]`

D. `ans>len[j]`

# 2018全国青少年信息学奥林匹克联赛初赛（提高组）

# （已根据新题型改编）

## 提高组 C++语言试题

**注意事项：**

- 本试卷满分100分，时间120分钟。完成测试后，学生可在“佐助题库”中提交自己的答案进行测评，查看分数和排名。
- 测评方式：登录“佐助题库”，点击“初赛测评”，输入ID“1054”，密码：123456。
- 未注册“佐助题库”账号的读者，请先根据本书“关于初赛检测系统”的介绍，免费注册账号。

**一、选择题**（共17题，前15题，每题2分，第16和17题，每题5分，共计40分）

**1.** 在下列4个不同进制的数中，与其他3个数值不相等的是（　　）。

A. $(269)_{16}$

B. $(617)_{10}$

C. $(1151)_8$

D. $(1001101011)_2$

**2.** 下列属于解释执行的程序设计语言是（　　）。

A. C

B. C++

C. Pascal

D. Python

**3.** 中国计算机学会于（　　）年创办全国青少年计算机程序设计竞赛。

A. 1983

B. 1984

C. 1985

D. 1986

**4.** 设根结点深度为0，一棵深度为 $h$ 的满 $k$（$k$>1）叉树，即除最后一层无任何子结点外，每一层上的所有结点都有 $k$ 个子结点的树，共有（　　）个结点。

A. $(k^{h+1}-1)/(k-1)$

B. $k^{h-1}$

C. $k^h$

D. $(k^{h-1})/(k-1)$

**5.** 设某算法的时间复杂度函数的递推方程是 $T(n)=T(n-1)+n$（$n$ 为正整数）及 $T(0)=1$，则该算法的时间复杂度为（　　）。

A. $O(\log n)$

B. $O(n \log n)$

C. $O(n)$

D. $O(n^2)$

**6.** 表达式 a*d-b*c 的前缀形式是（　　）。

A. a d * b c * -

B. - * a d * b c

C. a * d - b * c

D. - * * a d b c

**7.** 在一条长度为 1 的线段上随机取两个点，则以这两个点为端点的线段的期望长度是（　　）。

A. 1/2

B. 1/3

C. 2/3

D. 3/5

**8.** 关于卡特兰数 $C_n=(2n)!/(n+1)!/n!$，下列说法中错误的是（　　）。

A. $C_n$ 表示有 $n+1$ 个结点的不同形态的二叉树的数量

B. $C_n$ 表示含 $n$ 对括号的合法括号序列的个数

C. $C_n$ 表示长度为 $n$ 的入栈序列对应的合法出栈序列数

D. $C_n$ 表示通过连接顶点而将 $n+2$ 边的凸多边形分成三角形的方法数

**9.** 假设一台抽奖机中有红、蓝两种颜色的球，任意时刻按下抽奖按钮，都会等概率地获得红球或蓝球之一。假设有足够多的人，每人都用这台抽奖机抽奖，假如他们的策略均为：抽中蓝球则继续抽奖，抽中红球则停止抽奖。最后每个人都把自己获得的所有球放到一个大箱子里，最终大箱子里的红球与蓝球的比例接近于（　　）。

A. 1：2

B. 2：1

C. 1：3

D. 1：1

**10.** 为了统计一个非负整数的二进制形式中 1 的个数，代码如下：

```
int CountBit(int x)
{
    int ret = 0;
    while (x)
    {
        ret++;
        __________;
    }
    return ret;
}
```

则空格内要填入的语句是（　　）。

A. `x >>=1`

B. `x&=x-1`

C. `x|=x>>1`

D. `x<<=1`

**11.**（多选题）在 NOIP 初赛中，选手可以带入考场的有（　　）。

A. 笔

B. 橡皮

C. 手机（关机）

D. 草稿纸

**12.**（多选题）2-3 树是一种特殊的树，它满足两个条件：

（1）每个内部结点有两个或 3 个子结点；

（2）所有的叶结点到根的路径长度相同。

如果一棵 2-3 树有 10 个叶结点，那么它可能有（　　）个非叶结点。

A. 5

B. 6

C. 7

D. 8

**13.**（多选题）下列关于最短路径算法的说法正确的有（　　）。

A. 当图中不存在负权回路但是存在负权边时，Dijkstra 算法不一定能求出源点到所有顶点的最短路径

B. 当图中不存在负权边时，调用多次 Dijkstra 算法能求出每对顶点间的最短路径

C. 当图中存在负权回路时，调用一次 Dijkstra 算法一定能求出源点到所有顶点的最短路径

D. 当图中不存在负权边时，调用一次 Dijkstra 算法不能用于计算每对顶点间的最短路径

**14.**（多选题）下列说法中，属于树的性质的有（　　）。

A. 无环

B. 任意两个结点之间有且只有一条简单路径

C. 有且只有一个简单环

D. 边的数目恰是顶点数目减 1

**15.**（多选题）下列关于图灵奖的说法中，正确的有（　　）。

A. 图灵奖是由电气和电子工程师协会（IEEE）设立的

B. 目前获得该奖项的华人学者只有姚期智教授一人

C. 其名称取自计算机科学的先驱、英国科学家艾伦・麦席森・图灵

D. 它是计算机界最负盛名、最崇高的一个奖项，有“计算机界的诺贝尔奖”之称

**16.**（5 分）甲乙丙丁四人在考虑周末要不要外出郊游。

已知①如果周末下雨，并且乙不去，则甲一定不去；②如果乙去，则丁一定去；③如果丙去，则丁一定不去；④如果丁不去，而且甲不去，则丙一定不去。

根据如上叙述，请选择：

如果周末丙去了，则甲（1），乙（2），丁（3），周末（4）。

A. 没去；去了；去了；下雨

B. 没去；没去；去了；下雨

C. 去了；去了；没去；没下雨

D. 去了；没去；没去；没下雨

**17.**（5 分）方程 a*b=(a or b)*(a and b)，当 a 和 b 都取[0, 31]中的整数时，共有（　　）组解。（*表示乘法；or 表示按位或运算；and 表示按位与运算。）

A. 454

B. 512

C. 486

D. 63

## 二、阅读程序（共 4 题，每题 8 分，共计 32 分）

（一）

```
#include <cstdio>
int main() {
 int x;
 scanf("%d", &x);
 int res = 0;
 for (int i = 0; i < x; ++i) {
      if (i * i % x == 1) {
            ++res;
      }
 }
 printf("%d", res);
 return 0;
}
```

**18.** 请根据以上程序回答下列问题。

输入：15

输出：________

A. 4

B. 6

C. 8

D. 9

（二）

```
#include <cstdio>
int n, d[100];
bool v[100];
int main() {
 scanf("%d", &n);

 for (int i = 0; i < n; ++i) {
      scanf("%d", d + i);
      v[i] = false;
```

```
    }
    int cnt = 0;
    for (int i = 0; i < n; ++i) {
        if (!v[i]) {
            for (int j = i; !v[j]; j = d[j]) {
                v[j] = true;
            }
            ++cnt;
        }
    }
    printf("%d\n", cnt);
    return 0;
}
```

**19.** 请根据以上程序回答下列问题。

输入：10 7 1 4 3 2 5 9 8 0 6

输出：________

A. 2

B. 4

C. 6

D. 10

（三）

```
#include <iostream>
using namespace std;
string s;
long long magic(int l, int r) {
    long long ans = 0;
    for (int i = l; i <= r; ++i) {
        ans = ans * 4 + s[i] - 'a' + 1;
    }
    return ans;
}
int main() {
    cin >> s;
    int len = s.length();
    int ans = 0;
    for (int l1 = 0; l1 < len; ++l1) {
        for (int r1 = l1; r1 < len; ++r1) {
            bool bo = true;
            for (int l2 = 0; l2 < len; ++l2) {
                for (int r2 = l2; r2 < len; ++r2) {
                    if (magic(l1, r1) == magic(l2, r2) &&
(l1 != l2 || r1 != r2)) {
                        bo = false;
                    }
```

```
                    }
                }
                if (bo) {
                    ans += 1;
                }
            }
        }
        cout << ans << endl;
        return 0;
    }
```

**20**. 请根据以上程序回答下列问题。

输入：abacaba

输出：__________

A. 16

B. 17

C. 20

D. 21

（四）

```
#include <cstdio>
using namespace std;
const int N = 110;
bool isUse[N];
int n, t;
int a[N], b[N];
bool isSmall() {
 for (int i = 1; i <= n; ++i)
       if (a[i] != b[i]) return a[i] < b[i];
 return false;
}
bool getPermutation(int pos) {
 if (pos > n) {
       return isSmall();
 }
 for (int i = 1; i <= n; ++i) {
       if (!isUse[i]) {
            b[pos] = i;
            isUse[i] = true;
            if (getPermutation(pos + 1)) {
                 return true;
            }
            isUse[i] = false;
       }
 }
 return false;
```

```
    }
    void getNext() {
     for (int i = 1; i <= n; ++i) {
            isUse[i] = false;
     }
     getPermutation(1);
     for (int i = 1; i <= n; ++i) {
            a[i] = b[i];
     }
    }
    int main() {
            scanf("%d%d", &n, &t);
            for (int i = 1; i <= n; ++i) {
            scanf("%d", &a[i]);
     }
     for (int i = 1; i <= t; ++i) {
            getNext();
     }
     for (int i = 1; i <= n; ++i) {
            printf("%d", a[i]);
            if (i == n) putchar('\n');
            else putchar(' ');
     }
     return 0;
}
```

**21**. 请根据以上程序回答下列问题。

输入：6 10 1 6 4 5 3 2

输出：__________（3 分）

A. 2 1 3 5 6 4

B. 2 1 3 4 5 6

C. 2 1 3 6 5 4

D. 2 1 3 4 6 5

**22**. 请根据以上程序回答下列问题。

输入：6 200 1 5 3 4 2 6

输出：__________（5 分）

A. 3 2 5 6 1 4

B. 3 2 1 6 5 4

C. 1 3 2 4 5 6

D. 1 3 4 6 2 5

## 三、完善程序（共 2 题，每题 14 分，共计 28 分）

（一）对于一个 1 到 $n$ 的排列 $P$（即 1 到 $n$ 中每一个数在 $P$ 中出现了恰好一次），令 $q_i$ 为第$i$个位置之后第一个比 $P_i$值更大的数所在的位置。如果不存在这样的位置，则 $q_i$=$n$+1。举例来说，如

果 $n$=5 且 $P$ 为 1 5 4 2 3，则 $q$ 为 2 6 6 5 6。

下列程序读入了排列 $P$，使用双向链表求解了答案（数据范围为 $1 \leqslant n \leqslant 10^5$）。试补全程序。（第二小题 2 分，其余小题每题 3 分。）

```
#include <iostream>
using namespace std;
const int N = 100010;
int n;
int L[N], R[N], a[N];
int main() {
 cin >> n;
 for (int i = 1; i <= n; ++i) {
      int x;
      cin >> x;
      ____①____;
 }
 for (int i = 1; i <= n; ++i) {
      R[i] = ____②____;
      L[i] = i - 1;
 }
 for (int i = 1; i <= n; ++i) {
      L[____③____] = L[a[i]];
      R[L[a[i]]] = R[____④____];
 }
 for (int i = 1; i <= n; ++i) {
      cout <<____⑤____<< " ";
 }
 cout << endl;
 return 0;
}
```

**23.** ①处应填（　　）。

A. a[x]=i

B. a[i]=x

C. L[i]=x

D. R[i]=x

**24.** ②处应填（　　）。

A. a[i]+1

B. a[i]

C. i+1

D. a[i+1]

**25.** ③处应填（　　）。

A. L[i]

B. L[a[i]]

C. R[i]

D. R[a[i]]

**26.** ④处应填（　　）。

A. i

B. a[i]

C. L[a[i]]

D. R[a[i]]

**27.** ⑤处应填（　　）。

A. R[i]

B. L[i]

C. R[a[i]]

D. L[a[i]]

（二）一只小猪要买 *N* 件物品（*N* 不超过 1000），它要买的所有物品在两家商店里都有卖。第 i 件物品在第一家商店的价格是 a[i]，在第二家商店的价格是 b[i]，两个价格都不小于 0 且不超过 10000 元。如果在第一家商店买的物品的总额不少于 50000 元，那么在第一家店买的物品都可以打 95 折（价格变为原来的 0.95 倍）。

求小猪买齐所有物品所需最少的总额。

输入：第一行一个数 *N*。接下来 *N* 行，每行两个数。第 i 行的两个数分别代表 a[i] 和 b[i]。

输出：输出一行一个数，表示最少需要的总额，保留两位小数。试补全程序。（第一小题 2 分，其余小题每题 3 分）

```
01 #include <cstdio>
02 #include <algorithm>
03 using namespace std;
04
05 const int Inf = 1000000000;
06 const int threshold = 50000;
07 const int maxn = 1000;
08
09 int n, a[maxn], b[maxn];
10 bool put_a[maxn];
11 int total_a, total_b;
12
13 double ans;
14 int f[threshold];
15
16 int main() {
17  scanf("%d", &n);
18  total_a = total_b = 0;
19  for (int i = 0; i < n; ++i) {
```

```
20          scanf("%d%d", a + i, b + i);
21          if (a[i] <= b[i]) total_a += a[i];
22          else total_b += b[i];
23  }
24  ans = total_a + total_b;
25  total_a = total_b = 0;
26  for (int i = 0; i < n; ++i) {
27        if (_____①_____) {
28                put_a[i] = true;
29                total_a += a[i];
30        } else {
31                put_a[i] = false;
32                total_b += b[i];
33        }
34  }
35  if (_____②_____) {
36        printf("%.2f", total_a * 0.95 + total_b);
37        return 0;
38  }
39  f[0] = 0;
40  for (int i = 1; i < threshold; ++i) f[i] = Inf;
41  int total_b_prefix = 0;
42  for (int i = 0; i < n; ++i) if (!put_a[i]) {
43                total_b_prefix += b[i];
44                for (int j = threshold - 1; j >= 0; --j) {
45                      if (_____③_____>= threshold && f[j] != Inf) ans =
                  min(ans, (total_a + j + a[i]) * 0.95
                                          +_____④_____);
46                      f[j] = min(f[j] + b[i], j >= a[i] ?_____⑤_____:
                  Inf);
47                }
48        }
49   printf("%.2f", ans);
50   return 0;
51  }
```

**28.** ①处应填（　　）。

A. `a[i]>b[i]`

B. `a[i]*0.95>b[i]`

C. `a[i]<=b[i]`

D. `a[i]*0.95<=b[i]`

**29.** ②处应填（　　）。

A. `total_a * 0.95+total_b<=ans`

B. `total_a>=total_b`

C. `total_a>=threshold`

D. `total_a*0.95>=threshold`

**30.** ③处应填（　　）。

A. `j+a[i]`

B. `j/0.95+1e-3`

C. `total_a+j+a[i]`

D. `total_a+j`

**31.** ④处应填（　　）。

A. `f[j]+total_b`

B. `f[j]+total_b-total_b_prefix`

C. `f[j]-total_b_prefix`

D. `f[j]+total_b+total_b_prefix`

**32.** ⑤处应填（　　）。

A. `f[j-b[i]]`

B. `f[j]-a[i]`

C. `f[j]+b[i]`

D. `f[j-a[i]]`

# 2019 CCF 非专业级别软件能力认证第一轮（CSP-S1）

## 提高组 C++语言试题

**注意事项：**

- 本试卷满分 100 分，时间 120 分钟。完成测试后，学生可在“佐助题库”中提交自己的答案进行测评，查看分数和排名。
- 测评方式：登录“佐助题库”，点击“初赛测评”，输入 ID“1055”，密码：123456。
- 未注册“佐助题库”账号的读者，请先根据本书“关于初赛检测系统”的介绍，免费注册账号。

**一、选择题**（共 15 题，每题 2 分，共计 30 分；每题有且仅有一个正确选项）

**1.** 若有定义：`int a=7; float x=2.5, y=4.7;` 则表达式 `x+a%3*(int)(x+y)%2` 的值是（　　）。

A. 0.000000　　B. 2.750000　　C. 2.500000　　D. 3.500000

**2.** 下列属于图像文件格式的有（　　）。

A. WMV　　B. MPEG　　C. JPEG　　D. AVI

**3.** 二进制数 11 1011 1001 0111 和 01 0110 1110 1011 进行按位或运算的结果是（　　）。（编者注：原题为“逻辑或”，但是根据题意应当是“按位或”。）

A. 11 1111 1101 1111　　B. 11 1111 1111 1101

C. 10 1111 1111 1111　　D. 11 1111 1111 1111

**4.** 编译器的功能是（　　）。

A. 将源程序重新组合

B. 将一种语言（通常是高级语言）翻译成另一种语言（通常是低级语言）

C. 将低级语言翻译成高级语言

D. 将一种编程语言翻译成自然语言

**5.** 设变量 `x` 为 `float` 型且已赋值，则以下语句中能将 `x` 中的数值保留到小数点后两位，并将第三位四舍五入的是（　　）。

A. `x=(x*100+0.5)/100.0;`　　B. `x=(int)(x*100+0.5)/100.0;`

C. `x=(x/100+0.5)*100.0;`　　D. `x=x*100+0.5/100.0;`

**6.** 由数字 1、1、2、4、8、8 组成的不同的 4 位数的个数是（　　）。

A. 104　　B. 102　　C. 98　　D. 100

**7.** 排序的算法很多，若按排序的稳定性和不稳定性分类，则（　　）是不稳定排序。

A. 冒泡排序　　B. 直接插入排序　　C. 快速排序　　D. 归并排序

**8.** G 是一个非连通无向图（没有重边和自环），共有 28 条边，则该图至少有（　　）个顶点。

A. 10　　B. 9　　C. 11　　D. 8

**9.** 一些数字可以颠倒过来看，例如 0、1、8 颠倒过来还是本身，6 颠倒过来是 9，9 颠倒过来看是 6，其他数字颠倒过来都不构成数字。类似的，一些多位数也可以颠倒过来看，比如 106 颠倒过来是 901。假设某个城市的车牌只有 5 位数字，每一位都可以取 0 ~ 9。请问这个城市有（　　）个车牌倒过来恰好还是原来的车牌，并且车牌上的 5 位数能被 3 整除。

A. 401　　B. 25　　C. 30　　D. 20

**10.** 一次期末考试，某班有 15 人数学得满分，有 12 人语文得满分，并且有 4 人语文、数学都是满分，那么这个班至少有一门得满分的同学有（　　）人。

A. 23　　B. 21　　C. 20　　D. 22

**11.** 设 $A$ 和 $B$ 是两个长为 $n$ 的有序数组，现在需要将 $A$ 和 $B$ 合并成一个排好序的数组，问任何以元素比较作为基本运算的归并算法，在最坏情况下至少要做（　　）次比较。

A. $n^2$　　B. $n\log n$　　C. $2n$　　D. $2n-1$

**12.** 以下哪个结构可以用来存储图？（　　）

A. 栈　　B. 二叉树　　C. 队列　　D. 邻接矩阵

**13.** 以下哪些算法不属于贪心算法？（　　）

A. Dijkstra 算法　　B. Floyd 算法　　C. Prim 算法　　D. Kruskal 算法

**14.** 有一个等比数列，共有奇数项，其中第一项和最后一项分别是 2 和 118098，中间一项是 486，请问以下哪个数是可能的公比？（　　）

A. 5　　B. 3　　C. 4　　D. 2

**15.** 正实数构成的数字三角形排列形式如右图所示。第一行的数为 $a_{1,1}$；第二行的数从左到右依次为 $a_{2,1}$，$a_{2,2}$；第 $n$ 行的数为 $a_{n,1}, a_{n,2}, \cdots, a_{n,n}$。从 $a_{1,1}$ 开始，每一行的数 $a_{i,j}$ 只有两条边可以分别通向下一行的两个数 $a_{i+1,j}$ 和 $a_{i+1,j+1}$。用动态规划算法找出一条从 $a_{1,1}$ 向下通到 $a_{n,1}, a_{n,2}, \cdots, a_{n,n}$ 中某个数的路径，使得该路径上的数之和最大。

$a_{1,1}$
$a_{2,1}$　$a_{2,2}$
$a_{3,1}$　$a_{3,2}$　$a_{3,3}$
$a_{n,1}\ a_{n,2}$ ……… $a_{n,n}$

令 $C[i][j]$是从 $a_{1,1}$ 到 $a_{i,j}$ 的路径上的数的最大和，并且 $C[i][0]=C[0][j]=0$，则 $C[i][j]=$（　　）。

A. $\max\{C[i-1][j-1], C[i-1][j]\}+a_{i,j}$

B. $C[i-1][j-1]+C[i-1][j]$

C. $\max\{C[i-1][j-1], C[i-1][j]\}+1$

D. $\max\{C[i][j-1], C[i-1][j]\}+a_{i,j}$

**二、阅读程序**（程序输入不超过数组或字符串定义的范围；对于判断题，正确填√，错误填×；除特殊说明外，判断题每题 1.5 分，选择题每题 4 分，共计 40 分）

（一）

```
01  #include <cstdio>
02  using namespace std;
03  int n;
04  int a[100];
05
06  int main() {
07         scanf("%d", &n);
08         for (int i = 1; i <= n; ++i)
09              scanf("%d", &a[i]);
```

```
10        int ans = 1;
11        for (int i = 1; i <= n; ++i) {
12            if (i > 1 && a[i] < a[i - 1])
13                ans = i;
14            while (ans < n && a[i] >= a[ans + 1])
15                ++ans;
16            printf("%d\n", ans);
17        }
18        return 0;
19    }
```

- 判断题

**16.**（1 分）当第 16 行输出 ans 时，ans 的值一定大于 i。（　　）

**17.**（1 分）程序输出的 ans 小于或等于 n。（　　）

**18.** 若将第 12 行的<改为!=，程序输出的结果不会改变。（　　）

**19.** 当程序执行到第 16 行时，若 ans-i>2，则 a[i+1]<=a[i]。（　　）

- 选择题

**20.**（3 分）若输入的 a 数组是一个严格单调递增的数列，此程序的时间复杂度是（　　）。

A. $O(\log n)$　　B. $O(n^2)$　　C. $O(n\log n)$　　D. $O(n)$

**21.** 在最坏情况下，该程序的时间复杂度是（　　）。

A. $O(n^2)$　　B. $O(\log n)$　　C. $O(n)$　　D. $O(n\log n)$

（二）

```
01  #include <iostream>
02  using namespace std;
03
04  const int maxn = 1000;
05  int n;
06  int fa[maxn], cnt[maxn];
07
08  int getRoot(int v) {
09      if (fa[v] == v) return v;
10      return getRoot(fa[v]);
11  }
12
13  int main() {
14      cin >> n;
15      for (int i = 0; i < n; ++i) {
16          fa[i] = i;
17          cnt[i] = 1;
18      }
19      int ans = 0;
20      for (int i = 0; i < n - 1; ++i) {
21          int a, b, x, y;
22          cin >> a >> b;
```

```
23              x = getRoot(a);
24              y = getRoot(b);
25              ans += cnt[x] * cnt[y];
26              fa[x] = y;
27              cnt[y] += cnt[x];
28          }
29          cout << ans << endl;
30          return 0;
31  }
```

- 判断题

**22.** （1分）输入的a和b值应在[0,$n$-1]的范围内。（　　）

**23.** （1分）第16行改成“fa[i] = 0;”，不影响程序运行结果。（　　）

**24.** 若输入的a和b值均在[0, $n$-1]的范围内，则对于任意0<=i<n，都有0<=fa[i]<n。（　　）

**25.** 若输入的a和b值均在[0,$n$-1]的范围内，则对于任意0<=i<n，都有1<=cnt[i]<=n。（　　）

- 选择题

**26.** 当$n$等于50时，若a,b的值都在[0,49]的范围内，且在第25行时x总是不等于y，那么输出为（　　）。

A. 1276　　B. 1176　　C. 1225　　D. 1250

**27.** 此程序的时间复杂度是（　　）。

A. $O(n)$　　B. $O(\log n)$　　C. $O(n^2)$　　D. $O(n\log n)$

（三）在本题中，t是s的子序列的意思是：从s中删去若干个字符，可以得到t；特别的，如果s=t，那么t也是s的子序列；空串是任何串的子序列。

例如："acd"是"abcde"的子序列，"acd"是"acd"的子序列，但"adc"不是"abcde"的子序列。

s[x..y]表示s[x]…s[y]共$y$-$x$+1个字符构成的字符串，若x>y，则s[x..y]是空串。t[x..y]与之同理。

```
01  #include <iostream>
02  #include <string>
03  using namespace std;
04  const int max1 = 202;
05  string s, t;
06  int pre[max1], suf[max1];
07
08  int main() {
09        cin >> s >> t;
10        int slen = s.length(), tlen = t.length();
11        for (int i = 0, j = 0; i < slen; ++i) {
12              if (j < tlen && s[i] == t[j]) ++j;
13              pre[i] = j; // t[0..j-1] 是 s[0..i] 的子序列
14        }
15        for (int  i = slen - 1 , j = tlen - 1; i >= 0; --i) {
16              if(j >= 0 && s[i] == t [j]) --j;
17              suf[i]= j; // t[j+1..tlen-1] 是 s[i..slen-1] 的子序列
```

```
18        }
19        suf[slen] = tlen -1;
20        int ans = 0;
21        for (int i = 0, j = 0, tmp = 0; i <= slen; ++i){
22            while(j <= slen && tmp >= suf[j] + 1) ++j;
23            ans = max(ans, j - i - 1);
24            tmp = pre[i];
25        }
26        cout << ans << endl;
27        return 0;
28    }
```

提示：

t[0…pre[i]-1] 是 s[0…i] 的子序列；

t[suf[i]+1…tlen-1] 是 s[i…slen-1] 的子序列。

- 判断题

**28.**（1 分）程序输出时，suf 数组满足：对任意 0<=i<slen，suf[i]<=suf[i+1]。（　　）

**29.**（2 分）当 t 是 s 的子序列时，输出一定不为 0。（　　）

**30.**（2 分）程序运行到第 23 行时，“j-i-1”一定不小于 0。（　　）

**31.**（2 分）当 t 是 s 的子序列时，pre 数组和 suf 数组满足：对任意 0<=i<slen，pre[i]>suf[i+1]+1。（　　）

- 选择题

**32.** 若 tlen=10，输出为 0，则 slen 最小为（　　）。

A. 10　　B. 12　　C. 0　　D. 1

**33.** 若 tlen=10，输出为 2，则 slen 最小为（　　）。

A. 0　　B. 10　　C. 12　　D. 1

**三、完善程序**（单选题，每题 3 分，共计 30 分）

（一）（匠人的自我修养）一个匠人决定要学习 $n$ 项新技术。要想成功学习一项新技术，他不仅要拥有一定的经验值，而且还必须要先学会若干个相关的技术。学会一项新技术之后，他的经验值会增加一个对应的值。给定每项技术的学习条件和习得后获得的经验值，给定他已有的经验值，请问他最多能学会多少项新技术。

输入第一行有两个数，分别为新技术数 $n$（$l \leqslant n \leqslant 10^3$），以及已有经验值（$\leqslant 10^7$）。

接下来的 $n$ 行。第 $i$ 行的两个正整数分别表示学习第 $i$ 项技术所需的最低经验值（$\leqslant 10^7$），以及学会第 $i$ 项技术后可获得的经验值（$\leqslant 10^4$）。

接下来的 $n$ 行。第 $i$ 行的第一个数 $m_i$（$0 \leqslant m_i < n$），表示第 $i$ 项技术的相关技术数量。紧跟着 $m$ 个互不相同的数，表示第 $i$ 项技术的相关技术编号。

请输出匠人最多能学会的新技术数。

下面的程序以 $O(n^2)$ 的时间复杂度完成这个问题，试补全程序。

```
01  #include<cstdio>
02  using namespace std;
03  const int maxn = 1001;
04
```

```
05 int n;
06 int cnt[maxn];
07 int child [maxn][maxn];
08 int unlock[maxn];
09 int threshold[maxn], bonus[maxn];
10 int points;
11
12 bool find() {
13     int target = -1;
14     for (int i = 1; i <= n; ++i)
15         if(①&&②) {
16             target = i;
17             break;
18     }
19     if(target == -1)
20         return false;
21     unlock[target] = -1;
22     ______③______
23     for (int i = 0; i < cnt[target]; ++i)
24     ______④______
25     return true;
26 }
27
28 int main() {
29     scanf("%d%d", &n, &points);
30     for (int i = 1; i <= n; ++i) {
31         cnt[i] = 0;
32         scanf("%d%d", &threshold[i], &bonus[i]);
33     }
34     for (int i = 1; i <= n; ++i) {
35         int m;
36         scanf("%d", &m);
37         ______⑤______
38         for (int j = 0; j < m; ++j) {
39             int fa;
40             scanf("%d", &fa);
41             child[fa][cnt[fa]] = i;
42             ++cnt[fa];
43         }
44     }
45     int ans = 0;
46     while(find())
47         ++ans;
48     printf("%d\n", ans);
49     return 0;
```

```
50 }
```

**34.** ①处应填（　　）。

A. `unlock[i]<=0`　　B. `unlock[i]>=0`

C. `unlock[i]==0`　　D. `unlock[i]==-1`

**35.** ②处应填（　　）。

A. `threshold[i]>points`　　B. `threshold[i]>=points`

C. `points>threshold[i]`　　D. `points>=threshold[i]`

**36.** ③处应填（　　）。

A. `target=-1`　　B. `--cnt[target]`

C. `bonus[target]=0`　　D. `points+=bonus[target]`

**37.** ④处应填（　　）。

A. `cnt[child[target][i]]-=1`　　B. `cnt[child[target][i]]=0`

C. `unlock[child[target][i]]-=1`　　D. `unlock[child[target][i]]=0`

**38.** ⑤处应填（　　）。

A. `unlock[i]=cnt[i]`　　B. `unlock[i]=m`

C. `unlock[i]=0`　　D. `unlock[i]=-1`

（二）（取石子）Alice 和 Bob 两个人在玩取石子游戏。他们制定了 n 条取石子的规则，第 i 条规则为：如果剩余石子的个数大于或等于 a[i]且大于或等于 b[i]，那么他们可以取走 b[i]个石子。两人轮流取石子。如果轮到某个人取石子，而他无法按照任何规则取走石子，那么他就输了。一开始有 m 个石子。请问先取石子的人是否有必胜的方法？

输入第一行有两个正整数，分别为规则个数 n（1<n<64），以及石子个数 m（$\leqslant 10^7$）。

接下来的 n 行。第 i 行有两个正整数 a[i]和 b[i]，（1≤a[i]≤$10^7$，1≤b[i]≤64）。

如果先取石子的人必胜，那么输出 Win，否则输出 Loss。

提示：

可以使用动态规划解决这个问题。由于 b[i]不超过 64，因此可以使用 64 位无符号整数去压缩必要的状态。

status 是对胜负状态的二进制压缩，trans 是对状态转移的二进制压缩。

试补全程序。

代码说明：

“~”表示二进制补码运算符，它将每个二进制位的 0 变为 1、1 变为 0；

而“^”表示二进制异或运算符，它将两个参与运算的数中的每个对应的二进制位一一进行比较，若两个二进制位相同，则运算结果的对应二进制位为 0，反之为 1。

ull 标识符表示它前面的数字是 unsigned long long 类型。

```
01  #include <cstdio>
02  #include<algorithm>
03  using namespace std;
04
05  const int maxn = 64;
06
07  int n, m;
```

```
08  int a[maxn], b[maxn];
09  unsigned long long status, trans;
10  bool win;
11
12  int main(){
13      scanf("%d%d", &n, &m);
14      for (int i = 0; i < n; ++i)
15          scanf("%d%d", &a[i], &b[i]);
16      for(int i = 0; i < n; ++i)
17          for(int j = i + 1; j < n; ++j)
18              if (a[i] > a[j]){
19                  swap(a[i], a[j]);
20                  swap(b[i], b[j]);
21              }
22      status = ___①___;
23      trans = 0;
24      for(int i = 1, j = 0; i <= m; ++i){
25          while (j < n && ___②___){
26              ___③___;
27              ++j;
28          }
29          win = ___④___;
30          ___⑤___;
31      }
32      puts(win ? "Win" : "Loss");
33      return 0;
34  }
```

**39.** ①处应填（　　）。

A. `0`　　B. `~0ull`　　C. `~0ull^1`　　D. `1`

**40.** ②处应填（　　）。

A. `a[j] < i`　　B. `a[j] == i`　　C. `a[j] != i`　　D. `a[j]>1`

**41.** ③处应填（　　）。

A. `trans|=1ull<<(b[j]-1)`　　B. `status|=1ull<<(b[j]-1)`

C. `status+=1ull<<(b[j]-1)`　　D. `trans+=1ull<<(b[j]-1)`

**42.** ④处应填（　　）。

A. `~status|trans`　　B. `status&trans`

C. `status| rans`　　D. `~status&trans`

**43.** ⑤处应填（　　）。

A. `trans=status|trans^win`　　B. `status=trans>>1^win`

C. `trans=status^trans|win`　　D. `status=status<<1^win`

# 2020 CCF 非专业级别软件能力认证第一轮（CSP-S1）

## 提高组 C++语言试题

**注意事项：**

- 本试卷满分 100 分，时间 120 分钟。完成测试后，学生可在“佐助题库”中提交自己的答案进行测评，查看分数和排名。
- 测评方式：登录“佐助题库”，点击“初赛测评”，输入 ID“1056”，密码：123456。
- 未注册“佐助题库”账号的读者，请先根据本书“关于初赛检测系统”的介绍，免费注册账号。

**一、选择题**（共 15 题，每题 2 分，共计 30 分；每题有且仅有一个正确选项）

**1.** 请选出以下最大的数（　　）。

A. $(550)_{10}$

B. $(777)_8$

C. $2^{10}$

D. $(22F)_{16}$

**2.** 操作系统的功能是（　　）。

A. 负责外设与主机之间的信息交换

B. 控制和管理计算机系统的各种硬件和软件资源的使用

C. 负责诊断机器的故障

D. 将源程序编译成目标程序

**3.** 现有一段 8 分钟的视频文件，它的播放速度是每秒 24 帧图像，每帧图像是一幅分辨率为 2048 像素 × 1024 像素的 32 位真彩色图像。请问要存储这段原始无压缩视频，需要（　　）存储空间。

A. 30GB

B. 90GB

C. 150GB

D. 450GB

**4.** 今有一空栈 S，对下列待进栈的数据元素序列（a，b，c，d，e，f）依次执行进栈、进栈、出栈、进栈、进栈、出栈的操作，则此操作完成后，栈底元素为（　）。

A. b

B. a

C. d

D. c

**5.** 将“2,7,10,18”分别存储到某个地址区间为 0 ~ 10 的哈希表中，如果哈希函数 h(x)=（　　），将不会产生冲突，其中 a mod b 表示 a 除以 b 的余数。

A. $x^2 \bmod 11$

B. $2x \bmod 11$

C. $x \bmod 11$

D. $\lfloor x/2 \rfloor \bmod 11$

**6.** 下列哪个问题不能用贪心法精确求解？（　　）

A. 哈夫曼编码问题

B. 0-1 背包问题

C. 最小生成树问题

D. 单元最短路径问题

**7.** 具有 $n$ 个顶点和 $e$ 条边的图采用邻接表存储结构，对该结构进行深度优先遍历运算的时间复杂度为（　　）。

A. $O(n+e)$

B. $O(n^2)$

C. $O(e^2)$

D. $O(n)$

**8.** 二分图是指能将顶点划分成两个部分，每一部分内的顶点间没有边相连的简单无向图。那么 24 个顶点的二分图至多有（　　）条边。

A. 144

B. 100

C. 48

D. 122

**9.** 在广度优先搜索时，一定需要用到的数据结构是（　　）。

A. 栈

B. 二叉树

C. 队列

D. 哈希表

**10.** 一个班学生分组做游戏，如果每组 3 人就多两人，每组 5 人就多 3 人，每组 7 人就多 4 人，问这个班的学生人数 $n$ 在以下哪个区间？已知 $n<60$。（　　）

A. $30 < n < 40$

B. $40 < n < 50$

C. $50 < n < 60$

D. $20 < n < 30$

**11.** 小明想通过走楼梯来锻炼身体，假设从第 1 层走到第 2 层消耗 10 卡热量，接着从第 2 层走到第 3 层消耗 20 卡热量，再从第 3 层走到第 4 层消耗 30 卡热量，依此类推，从第 $k$ 层走到第 $k+1$ 层消耗 $10k$ 卡热量（$k>1$）。如果小明想从 1 层开始，通过连续向上爬楼梯消耗 1000 卡热量，至少要爬到第几层楼？（　　）

A. 14

B. 16

C. 15

D. 13

**12.** 表达式 a*(b+c)-d 的后缀表达形式为（　　）。

A. abc*+d-

B. -+*abcd

C. abcd*+-

D. abc+*d-

**13.** 从一个 4×4 的棋盘中选取不在同一行也不在同一列上的两个方格，共有（　　）种方法。

A. 60

B. 72

C. 86

D. 64

**14.** 对一个有 $n$ 个顶点、$m$ 条边的带权有向简单图用 Dijkstra 算法计算单源最短路径时，如果不使用堆或其他优先队列进行优化，则其时间复杂度为（　　）。

A. $O((m+n^2)\log n)$

B. $O(mn+n^3)$

C. $O((m+n)\log n)$

D. $O(n^2)$

**15.** 1948 年，（　　）将热力学中的熵引入信息通信领域，标志着信息论研究的开端。

A. 欧拉

B. 冯・诺依曼

C. 克劳德・香农

D. 图灵

**二、阅读程序**（程序输入不超过数组或字符串定义的范围；对于判断题，正确填√，错误填×；除特殊说明外，判断题每题 1.5 分，选择题每题 3 分，共计 40 分）

（一）

```
01  #include <iostream>
02  using namespace std;
03
04  int n;
05  int d[1000];
06
07  int main() {
08    cin >> n;
09    for (int i = 0; i < n; ++i)
10      cin >> d[i];
11    int ans = -1;
12    for (int i = 0; i < n; ++i)
13      for (int j = 0; j < n; ++j)
14        if (d[i] < d[j])
15          ans = max(ans, d[i] + d[j] - (d[i] & d[j]));
```

```
16      cout << ans;
17      return 0;
18  }
```

假设输入的 n 和 d[i] 都是不超过 10000 的正整数，完成下面的判断题和单选题。

- 判断题

**16.** n 必须小于 1000，否则程序可能会发生运行错误。(　　)

**17.** 输出一定大于等于 0。(　)

**18.** 若将第 13 行的 j=0 改为 j=i+1，程序输出可能会改变。(　　)

**19.** 将第 14 行的 d[i]<d[j] 改为 d[i]!=d[j]，程序输出不会改变。(　　)

- 单选题

**20.** 若输入的 n 为 100，且输出为 127，则输入的 d[i] 中不可能有(　　)。

A. 127

B. 126

C. 128

D. 125

**21.** 若输出的数大于 0，则下面说法正确的是(　　)。

A. 若输出为偶数，则输入的 d[i] 中最多有两个偶数

B. 若输出为奇数，则输入的 d[i] 中至少有两个奇数

C. 若输出为偶数，则输入的 d[i] 中至少有两个偶数

D. 若输出为奇数，则输入的 d[i] 中最多有两个奇数

(二)

```
01  #include <iostream>
02  #include <cstdlib>
03  using namespace std;
04
05  int n;
06  int d[10000];
07
08  int find(int L, int R, int k) {
09      int x = rand() % (R - L + 1) + L;
10      swap(d[L], d[x]);
11      int a = L + 1, b = R;
12      while (a < b) {
13          while (a < b && d[a] < d[L])
14              ++a;
15          while (a < b && d[b] >= d[L])
16              --b;
17          swap(d[a], d[b]);
18      }
19      if (d[a] < d[L])
20          ++a;
21      if (a - L == k)
```

```
22              return d[L];
23          if (a - L < k)
24              return find(a, R, k - (a - L));
25          return find(L + 1, a - 1, k);
26      }
27
28      int main() {
29          int k;
30          cin >> n;
31          cin >> k;
32          for (int i = 0; i < n; ++i)
33              cin >> d[i];
34          cout << find(0, n - 1, k);
35          return 0;
36      }
```

假设输入的 n、k 和 d[i] 都是不超过 10000 的正整数，且 k 不超过 n，并假设 rand() 函数产生的是均匀的随机数，完成下面的判断题和单选题。

- 判断题

**22.** 第 9 行的 x 的数值范围是[L+1,R]。(　　)

**23.** 将第 19 行的 d[a] 改为 d[b]，程序不会发生运行错误。(　　)

- 单选题

**24.**（2.5 分）当输入的 d[i] 是严格单调递增序列时，第 17 行的 swap 至多执行的次数是(　　)。（原题为错题，已按照编者理解进行修改。）

A. $O(n\log n)$

B. $O(n)$

C. $O(\log n)$

D. $O(n^2)$

**25.**（2.5 分）当输入的 d[i] 是严格单调递减序列时，第 17 行的 swap 平均执行次数是(　　)。

A. $O(n^2)$

B. $O(n)$

C. $O(n\log n)$

D. $O(\log n)$

**26.**（2.5 分）若输入的 d[i] 为 i，此程序平均的时间复杂度和最坏情况下的时间复杂度分别是(　　)。

A. $O(n)$，$O(n^2)$

B. $O(n)$，$O(n\log n)$

C. $O(n\log n)$，$O(n^2)$

D. $O(n\log n)$，$O(n\log n)$

**27.**（2.5 分）若输入的 d[i] 都为同一个数，此程序平均的时间复杂度是(　　)。

A. $O(n)$

B. $O(\log n)$

C. $O(n\log n)$

D. $O(n^2)$

（三）

```
#include <iostream>
#include <queue>
using namespace std;

const int maxl = 20000000;

class Map {
    struct item {
        string key; int value;
    } d[maxl];
    int cnt;
  public:
    int find(string x) {
        for (int i = 0; i < cnt; ++i)
            if (d[i].key == x)
                return d[i].value;
        return -1;
    }
    static int end() { return -1; }
    void insert(string k, int v) {
        d[cnt].key = k; d[cnt++].value = v;
    }
} s[2];

class Queue {
    string q[maxl];
    int head, tail;
  public:
    void pop() { ++head; }
    string front() { return q[head + 1]; }
    bool empty() { return head == tail; }
    void push(string x) { q[++tail] = x;  }
} q[2];

string st0, st1;
int m;

string LtoR(string s, int L, int R) {
    string t = s;
    char tmp = t[L];
    for (int i = L; i < R; ++i)
        t[i] = t[i + 1];
```

```
    t[R] = tmp;
    return t;
}

string RtoL(string s, int L, int R) {
    string t = s;
    char tmp = t[R];
    for (int i = R; i > L; --i)
        t[i] = t[i - 1];
    t[L] = tmp;
    return t;
}

bool check(string st , int p, int step) {
    if (s[p].find(st) != s[p].end())
        return false;
    ++step;
    if (s[p ^ 1].find(st) == s[p].end()) {
        s[p].insert(st, step);
        q[p].push(st);
        return false;
    }
    cout << s[p ^ 1].find(st) + step << endl;
    return true;
}

int main() {
    cin >> st0 >> st1;
    int len = st0.length();
    if (len != st1.length()) {
        cout << -1 << endl;
        return 0;
    }
    if (st0 == st1) {
        cout << 0 << endl;
        return 0;
    }
    cin >> m;
    s[0].insert(st0, 0); s[1].insert(st1, 0);
    q[0].push(st0); q[1].push(st1);
    for (int p = 0;
         !(q[0].empty() && q[1].empty());
         p ^= 1) {
        string st = q[p].front(); q[p].pop();
        int step = s[p].find(st);
```

```
        if ((p == 0 &&
                (check(LtoR(st, m, len - 1), p, step) ||
                 check(RtoL(st, 0, m), p, step)))
                ||
                (p == 1 &&
                 (check(LtoR(st, 0, m), p, step) ||
                  check(RtoL(st, m, len - 1), p, step))))
            return 0;
    }
    cout << -1 << endl;
    return 0;
}
```

- 判断题

**28.** 输出可能为 0。(　　)

**29.** 若输入的两个字符串长度均为 101 时，则 $m$=0 时的输出与 $m$=100 时的输出是相同的。(　　)

**30.** 若两个字符串的长度均为 $n$，则最坏情况下，此程序的时间复杂度为 $O(n!)$。(　　)

- 单选题

**31.** (2.5 分) 若输入的第一个字符串由 100 个不同的字符构成，第二个字符串是第一个字符串的倒序，输入的 $m$ 为 0，则输出为(　　)。

A. 49　　B. 50　　C. 100　　D. −1

**32.** (4 分) 已知当输入为"0123\n3210\n1"时，输出为 4；当输入为"012345\n543210\n1"时，输出为 14；当输入为"01234567\n76543210\n1"时，输出为 28；当输入为"0123456789ab\nba9876543210\n1"时，输出为(　　)。(注：其中\n 为换行符。)

A. 56　　B. 84　　C. 102　　D. 68

**33.** (4 分) 若两个字符串的长度均为 $n$，且 $0<m<n-1$，已知两个字符串的构成相同(即任何一个字符在两个字符串中出现的次数均相同)，则下列说法正确的是(　　)。(提示：考虑输入与输出有多少对字符前后顺序不一致。)

A. 若 $n$ 和 $m$ 均为奇数，则输出可能小于 0

B. 若 $n$ 和 $m$ 均为偶数，则输出可能小于 0

C. 若 $n$ 为奇数，$m$ 为偶数，则输出可能小于 0

D. 若 $n$ 为偶数，$m$ 为奇数，则输出可能小于 0

**三、完善程序**(单选题，每小题 3 分，共计 30 分)

(一)(分数背包) $S$ 有 n 块蛋糕，编号从 1 到 n。第 i 块蛋糕的价值是 w[i]，体积是 v[i]。他有一个大小为 B 的盒子来装这些蛋糕，也就是说装入盒子的蛋糕的体积总和不能超过 B。

他打算选择一些蛋糕装入盒子，而且希望盒子里装的蛋糕的价值之和尽量大。为了使盒子里的蛋糕价值之和更大，他可以任意切割蛋糕。具体来说，他可以选择一个 a ($0<a<1$)，并将一块价值是 w，体积为 v 的蛋糕切割成两块，其中一块的价值是 a×w，体积是 a×v，另一块的价值是(1−a)×w，体积是(1−a)×v。他可以重复无限次切割操作。

现要求编程输出最大可能的价值，以分数的形式输出。比如 n=3，B=8，那么 3 块蛋糕的价值分别是 4、4、2，体积分别是 5、3、2。那么最优的方案就是将体积为 5 的蛋糕切成两份，一份体积是 3，价值是 2.4；另一份体积是 2，价值是 1.6。然后把体积是 3 的那部分和后两块蛋糕打包进盒子。最优的价值之和是 8.4，故程序输出 42/5。

输入的数据范围为：$1\leqslant n\leqslant 1000$，$1\leqslant B\leqslant 10^5$，$1\leqslant w[i],u[i]\leqslant 100$。

提示：将所有的蛋糕按照性价比排序后进行贪心选择。

```
#include <cstdio>
using namespace std;

const int maxn = 1005;

int n, B, w[maxn], v[maxn];

int gcd(int u, int v) {
    if (v == 0)
        return u;
    return gcd(v, u % v);
}

void print(int w, int v) {
    int d = gcd(w, v);
    w = w / d;
    v = v / d;
    if (v == 1)
        printf("%d\n", w);
    else
        printf("%d/%d\n" w, v);
}
void swap(int &x, int &y) {
    int t = x; x = y; y = t;
}

int main() {
    scanf("%d %d" &n, &B);
    for (int i = 1; i <= n; i ++) {
        scanf("%d %d", &w[i], &v[i]);
    }
    for (int i = 1; i < n; i ++)
        for (int j = 1; j < n; j ++)
            if (____①____) {
                swap(w[j], w[j + 1]);
                swap(v[j], v[j + 1]);
            }
    int curV, curW;
    if (____②____) {
```

```
            ③
    } else {
        print(B * w[1] , v[1]);
        return 0;
    }
    for (int i = 2; i <= n; i ++)
        if (curV + v[i] <= B) {
            curV += v[i];
            curW += w[i];
        } else {
            print (   ④   );
            return 0;
        }
    print(   ⑤   );
    return 0;
}
```

**34.** ①处应填（　　）。

A. `w[j] / v[j] < w[j+1] / v[j+1]`

B. `w[j] / v[j] > w[j +1] / v[j+1]`

C. `v[j] * w[j+1] < v[j+1] * w[j]`

D. `w[j] * v[j+1] < w[j+1] * v[j]`

**35.** ②处应填（　　）。

A. `w[1]<=B`

B. `v[1]<=B`

C. `w[1]>=B`

D. `v[1]>=B`

**36.** ③处应填（　　）。

A. `print(v[1],w[1]); return 0;`

B. `curV = 0; curW = 0;`

C. `print(w[1], v[1]); return 0;`

D. `curV = v[1]; curW = w[1];`

**37.** ④处应填（　　）。

A. `curW * v[i] + curV * w[i], v[i]`

B. `(curW - w[i]) * v[i] + (B - curV) * w[i], v[i]`

C. `curW + v[i], w[i]`

D. `curW * v[i] + (B - curV) * w[i], v[i]`

**38.** ⑤处应填（　　）。

A. `curW,curV`

B. `curW, 1`

C. `curV, curW`

D. curV, 1

（二）（最优子序列）取 $m$=16，给出长度为 $n$ 的整数序列 $a_1,a_2,\cdots,a_n(0\leqslant a_i<2^m)$。对于一个二进制数 $x$，定义其分值 w($x$)为 $x$+popcnt($x$)，其中 popcnt($x$)表示二进制中 1 的个数。对于一个子序列 $b_1,b_2,\cdots,b_k$，定义其子序列分值 S 为 $w(b_1\oplus b_2)+w(b_2\oplus b_3)+\cdots+w(b_{k-1}\oplus b_k)$。对于空子序列，规定其子序列分值为 0。求一个子序列，使得该子序列分值最大，并输出这个最大值。

提示：考虑优化朴素的动态规划方法，将前 $m$/2 位和后 $m$/2 位分开计算，Max[$x$][$y$]表示当前的子序列下一个位置的高 8 位为 $x$，最后一个位置的低 8 位是 $y$ 时的最大价值。

试补全程序。

```
#include <iostream>
using namespace std;
typedef long long LL;
const int MAXN = 40000, M = 16, B = M >> 1, MS = (1 << B) - 1;
const LL INF = 1000000000000000LL;
LL Max[MS + 4][MS + 4];
int w(int x)
{
    int s = x;
    while(x)
    {
        ____①____;
        s++;
    }
    return s;
}

void to_max(LL &x, LL y)
{
    if(x < y)
        x = y;
}

int main()
{
    int n;
    LL ans = 0;
    cin >> n;
    for(int x = 0; x <= MS; x++)
        for(int y = 0; y <= MS; y++)
            Max[x][y] = -INF;
    for(int i = 1; i <= n ; i++)
    {
        LL a;
        cin >> a;
        int x = ____②____, y = a & MS;
```

```
        LL v = ___③___;
        for(int z = 0; z < = MS; z++)
            to_max(v, ___④___);
        for(int z = 0; z < = MS; z++)
            ___⑤___;
        to_max(ans , v);
    }
    cout << ans << endl;
    return 0;
}
```

**39.** ①处应填（　　）。

A. `x>>=1`

B. `x^=x&(x^(x+1))`

C. `x-=x|-x`

D. `x^=x&(x^(x-1))`

**40.** ②处应填（　　）。

A. `(a & MS) << B`

B. `a >> B`

C. `a & (1 << B)`

D. `a & (MS << B)`

**41.** ③处应填（　　）。

A. `-INF`

B. `Max[y][x]`

C. `0`

D. `Max[x][y]`

**42.** ④处应填（　　）。

A. `Max[x][z] + w(y ^ z)w`

B. `Max[x][z] + w(a ^ z)`

C. `Max[x][z] + w(x ^ (z << B))`

D. `Max[x][z] + w(x ^ z)`

**43.** ⑤处应填（　　）。

A. `to_max(Max[y][z], v + w(a ^ (z << B)))`

B. `to_max(Max[z][y], v + w((x ^ z) << B))`

C. `to_max(Max[z][y], v + w(a ^ (z << B)))`

D. `to_max(Max[x][z], v + w(y ^ z))`

# 2021 CCF 非专业级别软件能力认证第一轮（CSP-S1）

## 提高组 C++语言试题

**注意事项：**

- 本试卷满分 100 分，时间 120 分钟。完成测试后，学生可在“佐助题库”里提交自己的答案进行测评，查看分数和排名。
- 测评方式：登录“佐助题库”，点击“初赛测评”，输入 ID“1057”，密码：123456。
- 未注册“佐助题库”账号的读者，请先根据本书“关于初赛检测系统”的介绍，免费注册账号。

**一、选择题**（共 15 题，每题 2 分，共计 30 分；每题有且仅有一个正确选项）

**1.** Linux 系统终端，用于列出当前目录下所含的文件和子目录的命令为（　　）。

A. ls　　B. cd　　C. cp　　D. all

**2.** $00101010_2$ 和 $00010110_2$ 的和为（　　）。

A. $00111100_2$　　B. $01000000_2$　　C. $00111100_2$　　D. $01000010_2$

**3.** 在程序运行过程中，如果递归调用的层数过多，可能会由于（　　）引发错误。

A. 系统分配的栈空间溢出　　B. 系统分配的队列空间溢出

C. 系统分配的链表空间溢出　　D. 系统分配的堆空间溢出

**4.** 以下排序方法中，（　　）是不稳定的。

A. 插入排序　　B. 冒泡排序　　C. 堆排序　　D. 归并排序

**5.** 以比较为基本运算，对于 $2n$ 个数，同时找到最大值和最小值，最坏情况下需要的最少的比较次数为（　　）。

A. $4n-2$　　B. $3n+1$　　C. $3n-2$　　D. $2n+1$

**6.** 现有一个地址区间为 0 ~ 10 的哈希表，当出现冲突情况时，会往后寻找第一个空的地址存储（到 10 出现冲突时，就从 0 开始往后），现在要依次存储（0、1、2、3、4、5、6、7），哈希函数为 $h(x)=x^2 \bmod 11$。请问 7 存储在哈希表哪个地址中？（　　）

A. 5　　B. 6　　C. 7　　D. 8

**7.** G 是一个非连通简单无向图（没有自环和重边），共有 36 条边，则该图至少有（　　）个顶点。

A. 8　　B. 9　　C. 10　　D. 11

**8.** 令根结点的高度为 1，则一棵含有 2021 个结点的二叉树的高度至少为（　　）。

A. 10　　B. 11　　C. 12　　D. 2021

**9.** 前序遍历和中序遍历相同的二叉树为且仅为（　　）。

A. 只有 1 个结点的二叉树

B. 根结点没有左子树的二叉树

C. 非叶子结点只有左子树的二叉树

D. 非叶子结点只有右子树的二叉树

**10.** 定义一种字符串操作为交换相邻两个字符。将“DACFEB”变为“ABCDEF”最少需要（　　）次上述操作。

A. 7　　B. 8　　C. 9　　D. 6

**11.** 有如下递归代码

```
solve(t, n):
if t=1 return 1
else return 5*solve(t-1,n) mod n
```

则 solve(23,23) 的结果为（　　）。

A. 1　　B. 7　　C. 12　　D. 22

**12.** 斐波那契数列的定义为：$F_1=1$，$F_2=1$，$F_n=F_{n-1}+F_{n-2}\ (n\geqslant 3)$。现在用如下程序来计算斐波那契数列的第 $n$ 项，其时间复杂度为（　　）。

```
F(n):
 if n<=2 return 1
 else return F(n-1) + F(n-2)
```

A. $O(n)$　　B. $O(n!)$　　C. $O(2^n)$　　D. $O(n\log n)$

**13.** 有 8 个苹果从左到右排成一排，你要从中挑选至少一个苹果，并且不能同时挑选相邻的两个苹果，一共有（　　）种方案。

A. 36　　B. 48　　C. 54　　D. 64

**14.** 设一个三位数 $n=\overline{abc}$，其中 $a$、$b$、$c$ 均为 1 ~ 9 之间的整数，若以 $a$、$b$、$c$ 作为三角形的三条边可以构成等腰三角形（包括等边），则这样的 $n$ 有（　　）个。

A. 81　　B. 120　　C. 165　　D. 216

**15.** 有如下的有向图，其结点为 $A$，$B$，⋯，$J$，其中每条边的长度都标在图中。则结点 $A$ 到结点 $J$ 的最短路径长度为（　　）。

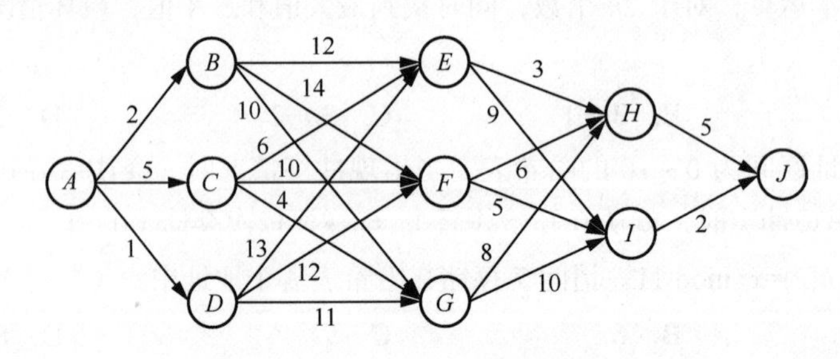


A. 16　　B. 19　　C. 20　　D. 22

**二、阅读程序**（程序输入不超过数组或字符串定义的范围；对于判断题，正确填√，错误填×；除特殊说明外，判断题每题 1.5 分，选择题每题 3 分，共计 40 分）

（一）

```
01 #include <iostream>
02 #include <cmath>
03 using namespace std;
04
```

```
05 const double r = acos(0.5);
06
07 int a1, b1, c1, d1;
08 int a2, b2, c2, d2;
09
10 inine int sq(const int x) { return x * x; }
11 inine int cu(const int x) { return x * x * x; }
12
13 int main()
14 {
15    cout.flags(ios::fixed);
16    cout.precision(4);
17
18  cin >> a1 >> b1 >> c1 >> d1;
19  cin >> a2 >> b2 >> c2 >> d2;
20
21    int t = sq(a1 - a2) + sq(b1 - b2) + sq(c1 - c2);
22
23    if(t <= sq(d2 - d1)) cout << cu(min(d1, d2)) * r * 4;
24    else if (t >= sq(d2 + d1)) cout << 0;
25    else {
26       double x = d1 - (sq(d1) - sq(d2) + t) / sqrt(t) / 2;
27       double y = d2 - (sq(d2) - sq(d1) + t) / sqrt(t) / 2;
28       cout << (x * x * (3 * d1 - x) + y * y * (3 * d2 - y)) * r;
29    }
30    cout << endl;
31    return 0;
32 }
```

假设输入的所有数的绝对值都不超过1000，完成下面的判断题和单选题。

- 判断题

**16.** 将第 21 行中 t 的类型声明从 int 改为 double，不会影响程序运行的结果。（　　）

**17.** 将第 26、27 行中的“/sqrt(t)/2”替换为“/2/sqrt(t)”，不会影响程序运行的结果。（　　）

**18.** 将第28行中的“x*x”改成“sq(x)”“y*y”改成“sq(y)”，不会影响程序运行的结果。（　　）

**19.** （2 分）当输入为“0 0 0 1 1 0 0 1”时，输出为1.3090。（　　）

- 单选题

**20.** 当输入为“1 1 1 1 1 1 1 2”时，输出为（　　）。

A. 3.1416　　B. 6.2832　　C. 4.7124　　D. 4.1888

**21.** （2.5 分）这段代码的含义为（　　）。

A. 求圆的面积　　B. 求球的体积　　C. 求球的体积　　D. 求椭球的体积

（二）

```
01 #include <algorithm>
```

```
02 #include <iostream>
03 using namespace std;
04
05 int n, a[1005];
06
07 struct Node
08 {
09    int h, j, m, w;
10
11    Node(const int _h, const int _j, const int _m, const int _w):
12       h(_h), j(_j), m(_m), w(_w)
13    { }
14
15    Node operator+(const Node &o) const
16    {
17       return Node(
18          max(h, w + o.h),
19          max(max(j, o.j), m + o.h),
20          max(m + o.w, o.m),
21          w + o.w);
22    }
23 };
24
25 Node solve1(int h, int m)
26 {
27    if (h > m)
28       return Node(-1, -1, -1, -1);
29    if (h == m)
30    return Node(max(a[h], 0), max(a[h], 0), max(a[h], 0), a[h]);
31    int j = (h + m) >> 1;
32    return solve1(h, j) + solve1(j + 1, m);
33 }
34
35 int solve2(int h, int m)
36 {
37    if (h > m)
38       return -1;
39    if (h == m)
40    return max(a[h], 0);
41    int j = (h + m) >> 1;
42    int wh = 0, wm = 0;
43    int wht = 0, wmt = 0;
44    for (int i = j; i >= h; i--) {
45       wht += a[i];
46    wh = max(wh, wht);
```

```
47      }
48      for (int i = j + 1; i <= m; i++) {
49          wmt += a[i];
50      wm = max(wm, wmt);
51      }
52      return max(max(solve2(h, j), solve2(j + 1, m)), wh + wm);
53 }
54
55 int main()
56 {
57      cin >> n;
58      for (int i = 1; i <= n; i++) cin >> a[i];
59      cout << solve1(1, n).j << endl;
60      cout << solve2(1, n) << endl;
61      return 0;
62 }
```

假设输入的所有数的绝对值都不超过 1000，完成下面的判断题和单选题。

- 判断题

**22.** 程序总是会正常执行并输出两行两个相等的数。(　　)

**23.** 第 28 行与第 38 行分别有可能执行两次及以上。(　　)

**24.** 当输入为“5-10 11 -9 5 -7”时，输出的第二行为“7”。(　　)

- 单选题

**25.** solve1(1, n) 的时间复杂度为（　　）。

A. $O(\log n)$　　B. $O(n)$　　C. $O(n \log n)$　　D. $O(n^2)$

**26.** solve2(1, n) 的时间复杂度为（　　）。

A. $O(\log n)$　　B. $O(n)$　　C. $O(n \log n)$　　D. $O(n^2)$

**27.** 当输入为“10 -3 2 10 0 -8 9 -4 -5 9 4”时，输出的第一行为（　　）。

A. 13　　B. 17　　C. 24　　D. 12

（三）

```
01 #include <iostream>
02 #include <string>
03 using namespace std;
04
05 char base[64];
06 char table[256];
07
08 void init()
09 {
10      for (int i = 0; i < 26; i++) base[i] = 'A' + i;
11      for (int i = 0; i < 26; i++) base[26 + i] = 'a' + i;
12      for (int i = 0; i < 10; i++) base[52 + i] = '0' + i;
```

```
13      base[62] = '+', base[63] = '/';
14
15      for (int i = 0; i < 256; i++) table[i] = 0xff;
16      for (int i = 0; i < 64; i++) table[base[i]] = i;
17      table['='] = 0;
18  }
19
20  string encode(string str)
21  {
22      string ret;
23      int i;
24      for (i = 0; i + 3 <= str.size(); i += 3) {
25          ret += base[str[i] >> 2];
26          ret += base[(str[i] & 0x03) << 4 | str[i + 1] >> 4];
27          ret += base[(str[i + 1] & 0x0f) << 2 | str[i + 2] >> 6];
28          ret += base[str[i + 2] & 0x3f];
29      }
30      if (i < str.size()) {
31          ret += base[str[i] >> 2];
32          if (i + 1 == str.size()) {
33              ret += base[(str[i] & 0x03) << 4];
34              ret += "==";
35          }
36          else {
37              ret += base[(str[i] & 0x03) << 4 | str[i + 1] >> 4];
38              ret += base[(str[i + 1] & 0x0f) << 2];
39              ret += "=";
40          }
41      }
42      return ret;
43  }
44
45  string decode(string str)
46  {
47      string ret;
48      int i;
49      for (i = 0; i < str.size(); i += 4) {
50          ret += table[str[i]] << 2 | table[str[i + 1]] >> 4;
51          if (str[i + 2] != '=')
52              ret += (table[str[i + 1]] & 0x0f) << 4 | table[str[i +
                                                              2]] >> 2;
53      if (str[i + 3] != '=')
54          ret += table[str[i + 2]] << 6 | table[str[i + 3]];
55      }
56      return ret;
```

```
57 }
58
59 int main()
60 {
61     init();
62     cout << int(table[0]) << endl;
63
64     int opt;
65     string str;
66     cin >> opt >> str;
67     cout << (opt ? decode(str) : encode(str)) << endl;
68     return 0;
69 }
```

假设输入总是合法的（一个整数和一个不含空白字符的字符串，用空格隔开），完成下面的判断题和单选题。

- 判断题

**28.** 程序总是先输出一行一个整数，再输出一行一个字符串。（　　）

**29.** 对于任意不含空白字符的字符串 str1，先执行程序输入“0 str1”，得到输出的第二行记为 str2；再执行程序输入“1 str2”，输出的第二行必为 str1。（　　）

**30.** 当输入为“1 SGVsbG93b3JsZA==”时，输出的第二行为“HelloWorld”。（　　）

- 单选题

**31.** 设输入字符串长度为 $n$，encode 函数的时间复杂度为（　　）。

A. $O(\sqrt{n})$　　B. $O(n)$　　C. $O(n \log n)$　　D. $O(n!)$

**32.** 输出的第一行为（　　）。

A. “0xff”　　B. “255”　　C. “0xFF”　　D. “-1”

**33.**（4 分）当输入为“0 CSP2021csp”时，输出的第二行为（　　）。

A. “Q1NQMjAyMWNzcAv=”　　B. “Q1NQMjAyMGNzcA==”

C. “Q1NQMjAyMGNzcAv=”　　D. “Q1NQMjAyMWNzcA==”

## 三、完善程序（单选题，每题 3 分，共计 30 分）

（一）（魔法数字）H 的魔法数字是 4。给定 $n$，他希望用若干个 4 进行若干次加法、减法和整除运算得到 $n$。但由于 H 的计算能力有限，计算过程中只能出现不超过 $n \leqslant 10000$ 的正整数。求至少可能用到多少个 4。

例如，当 $n$=2 时，有 2=(4+4)/4，用到了 3 个 4，这是最优方案。

试补全程序。

```
01 #include <iostream>
02 #include <cstdlib>
03 #include <climits>
04
05 using namespace std;
06
07 const int M = 10000;
```

```
08 bool Vis[M + 1];
09 int F[M + 1];
10
11 void update(int &x, int y) {
12     if (y < x)
13     x = y;
14 }
15
16 int main() {
17     int n;
18     cin >> n;
19     for (int i = 0; i <= M; i++)
20     F[i] = INT_MAX;
21     ____①____;
22     int r = 0;
23     while(____②____){
24     r++;
25         int x = 0;
26         for (int i = 1; i <= M; i++)
27         if (____③____)
28                 x = i;
29         Vis[x] = 1;
30         for (int i = 1; i <= M; i++)
31             if (____④____) {
32                 int t = F[i] + F[x];
33                 if (i + x <= M)
34                     update(F[i + x], t);
35                 if (i != x)
36                     update(F[abs(i - x)], t);
37                 if (i % x == 0)
38                     update(F[i / x], t);
39                 if (x % i == 0)
40                     update(F[x / i], t);
41             }
42     }
43     cout << F[n] << endl;
44     return 0;
45 }
```

**34.** ①处应填（　　）。

A. `F[4]=0`　　B. `F[1]=4`　　C. `F[1]=2`　　D. `F[4]=1`

**35.** ②处应填（　　）。

A. `!Vis[n]`　　B. `r<n`

C. `F[M]==INT_MAX`　　D. `F[n]==INT_MAX`

**36.** ③处应填（　　）。

A. `F[i]==r`　　B. `!Vis[i]&&F[i]==r`

C. `F[i]<F[x]`　　D. `!Vis[i]&&F[i]<F[x]`

**37.** ④处应填（　　）。

A. `F[i]<F[x]`　　B. `F[i]<=r`　　C. `Vis[i]`　　D. `i<=x`

（二）（RMQ 区间最值问题）给定序列 $a_1 \cdots a_n$ 和 $m$ 次询问，每次询问给定 $l, r$，求 $\mathrm{MAX}\{a_l \ldots a_r\}$。

为了解决该问题，有一个算法叫 the Method of Four Russians，其时间复杂度为 $O(n+m)$，步骤如下。

- 建立笛卡儿树，将问题转化为树上的 LCA（最近公共祖先）问题。
- 对于 LCA 问题，可以考虑其欧拉序列（即按照 DFS 过程，经过所有点，环游回根的序列），即求欧拉序列上两点间一个新的 RMQ 问题。
- 注意新的问题为 ±1 RMQ，即相邻两点的深度差一定为 1。

下面解决这个±1 RMQ 问题，“序列”指欧拉序列。

- 设 $t$ 为欧拉序列长度。取 $b=\frac{\log_2 t}{2}$。将序列按长度 $b$ 分成大块，使用 ST 表（倍增表）处理大块间的 RMQ 问题，复杂度 $O\left(\frac{t}{b}\log t\right)=O(n)$。
- （重点）对于一个块内的 RMQ 问题，也需要 $O(1)$ 的算法。由于差分数组最多有 $2^{b-1}$ 种，可以预处理所有情况下的最值位置，预处理复杂度 $O(b2^{b-1})$，不超过 $O(n)$。
- 最终，对于一个查询，可以转化为中间整个大块的 RMQ 问题，以及两端大块内的 RMQ 问题。

试补全程序。

```
01 #include <iostream>
02 #include <cmath>
03 
04 using namespace std;
05 
06 const int MAXN = 100000, MAXT = MAXN << 1;
07 const int MAXL = 18, MAXB = 9, MAXC = MAXT / MAXB;
08 
09 struct node {
10     int val;
11     int dep, dfn, end;
12     node *son[2]; // son[0], son[1] 分别表示左右儿子结点
13 }T[MAXN];
14 
15 int n, t, b, c, Log2[MAXC + 1];
16 int Pos[(1 << (MAXB - 1)) + 5], Dif[MAXC +    1];
17 node *root, *A[MAXT], *Min[MAXL][MAXC];
18 
```

```
19 void build() { // 建立 Cartesian 树
20     static node *S[MAXN + 1];
21     int top = 0;
22     for (int i = 0; i < n; i++) {
23         node *p = &T[i];
24         while (top && S[top]->val < p->val)
25         ______①______;
26         if (top)
27             ______②______;
28         S[++top] = p;
29     }
30     root = S[1];
31 }
32
33 void DFS(node *p) { // 构建 Euler 序列
34     A[p->dfn = t++] = p;
35     for (int i = 0; i < 2; i++)
36         if (p->son[i]) {
37             p->son[i]->dep = p->dep + 1;
38             DFS(p->son[i]);
39             A[t++] = p;
40         }
41     p->end = t - 1;
42 }
43
44 node *min(node *x, node *y) {
45     return______③______? x : y;
46 }
47
48 void ST_init()  {
49     b = (int)(ceil(log2(t) / 2));
50     c = t / b;
51     Log2[1] = 0;
52     for (int i = 2; i <= c; i++)
53         Log2[i] = Log2[i >> 1] + 1;
54     for (int i = 0; i < c; i++) {
55         Min[0][i] = A[i * b];
56         for (int j = 1; j < b; j++)
57             Min[0][i] = min(Min[0][i], A[i * b + j]);
58     }
59     for (int i = 1, l = 2; l <= c; i++, l <<= 1)
60         for (int j = 0; j + l <= c; j++)
61             Min[i][j] = min(Min[i - 1][j], Min[i - 1][j +
                                    (l >> 1)]);
62 }
```

```
63
64 void small_init() { // 块内预处理
65     for (int i = 0; i <= c; i++)
66         for (int j = 1; j < b && i * b + j < t; j++)
67             if (____④____)
68                 Dif[i] |= 1 << (j - 1);
69     for (int S = 0; S < (1 << (b - 1)); S++) {
70         int mx = 0, v = 0;
71         for (int i = 1; i < b; i++) {
72             ____⑤____;
73             if (v < mx) {
74                 mx = v;
75                 Pos[S] = i;
76             }
77         }
78     }
79 }
80
81 node *ST_query(int l, int r) {
82     int g = Log2[r - l + 1];
83     return min(Min[g][l], Min[g][r - (1 << g) + 1]);
84 }
85
86 node *small_query(int l, int r) { // 块内查询
87     int p = l / b;
88     int S = ____⑥____;
89     return A[l + Pos[S]];
90 }
91
92 node *query(int l, int r) {
93     if (l > r)
94         return query(r, l);
95     int pl = l / b, pr = r / b;
96     if (pl == pr) {
97         return small_query(l, r);
98     } else {
99         node *s = min(small_query(l, pl * b + b - 1),
                         small_query(pr * b, r));
100        if (pl + 1 <= pr - 1)
101            s = min(s, ST_query(pl + 1, pr - 1));
102        return s;
103    }
104 }
105
106 int main() {
```

```
107     int m;
108     cin >> n >> m;
109     for (int i = 0; i < n; i++)
110         cin >> T[i].val;
111     build();
112     DFS(root);
113     ST_init();
114     small_init();
115     while (m--) {
116         int l, r;
117         cin >> l >> r;
118         cout << query(T[l].dfn, T[r].dfn)->val << endl;
119     }
120     return 0;
121 }
```

**38.** ①处应填（ ）。

A. `p->son[0]=S[top--]`
B. `p->son[1]=S[top--]`
C. `S[top--]->son[0]=p`
D. `S[top--]->son[1] = p`

**39.** ②处应填（ ）。

A. `p->son[0]=S[top]`
B. `p->son[1]=S[top]`
C. `S[top]->son[0]=p`
D. `S[top]->son[1]=p`

**40.** ③处应填（ ）。

A. `x->dep < y->dep`
B. `x < y`
C. `x->dep > y->dep`
D. `x->val < y->val`

**41.** ④处应填（ ）。

A. `A[i * b + j - 1] == A[i * b + j]->son[0]`
B. `A[i * b + j]->val < A[i * b + j - 1]->val`
C. `A[i * b + j] == A[i * b + j - 1]->son[1]`
D. `A[i * b + j]->dep < A[i * b + j - 1]->dep`

**42.** ⑤处应填（ ）。

A. `v += (S >> i & 1) ? -1 : 1`
B. `v += (S >> i & 1) ? 1 : -1`
C. `v += (S >> (i - 1) & 1) ? 1 : -1`
D. `v += (S >> (i - 1) & 1) ? -1 : 1`

**43.** ⑥处应填（ ）。

A. `(Dif[p] >> (r - p * b)) & ((1 << (r - l)) - 1)`
B. `Dif[p]`
C. `(Dif[p] >> (l - p * b)) & ((1 << (r - l)) - 1)`
D. `(Dif[p] >> ((p + 1) * b - r)) & ((1 << (r - l + 1)) - 1`

# 2022 CCF 非专业级别软件能力认证第一轮（CSP-S1）

## 提高组 C++语言试题

**注意事项：**

- 本试卷满分 100 分，时间 120 分钟。完成测试后，学生可在“佐助题库”中提交自己的答案进行测评，查看分数和排名。
- 测评方式：登录“佐助题库”，点击“初赛测评”，输入 ID“1058”，密码：123456。
- 未注册“佐助题库”账号的读者，请先根据本书“关于初赛检测系统”的介绍，免费注册账号。

**一、选择题**（共 15 题，每题 2 分，共计 30 分；每题有且仅有一个正确选项）

**1.** 在 Linux 系统终端中，用于切换工作目录的命令为（　　）。

A. ls

B. cd

C. cp

D. all

**2.** 你同时用 time 命令和秒表为某个程序在单核 CPU 的运行计时，假如 time 命令的输出如下：

```
real    0m30.721s
user    0m24.579s
sys     0m6.123s
```

以下最接近秒表计时的时长为（　　）。

A. 30s

B. 24s

C. 18s

D. 6s

**3.** 若元素 a、b、c、d、e、f 依次进栈，允许进栈、退栈操作交替进行，但不允许连续 3 次退栈操作，则不可能得到的出栈序列是（　　）。

A. dcebfa

B. cbdaef

C. bcaef

D. afedcb

**4.** 考虑对 $n$ 个数进行排序，以下最坏时间复杂度低于 $O(n^2)$的排序方法是（　　）。

A. 插入排序

B. 冒泡排序

C. 归并排序

D. 快速排序

**5.** 假设在基数排序过程中，受宇宙射线的影响，某项数据异变为一个完全不同的值。请问排序算法结束后，可能出现的最坏情况是（　　）。

A. 移除受影响的数据后，最终序列是有序序列

B. 移除受影响的数据后，最终序列是前后两个有序的子序列

C. 移除受影响的数据后，最终序列是一个有序的子序列和一个基本无序的子序列

D. 移除受影响的数据后，最终序列基本无序

**6.** 计算机系统用小端（Little Endian）和大端（Big Endian）来描述多字节数据的存储地址顺序模式，其中小端表示将低位字节数据存储在低地址的模式，大端表示将高位字节数据存储在低地址的模式。在小端模式的系统和大端模式的系统分别编译和运行以下C++代码段所表示的程序，将分别输出什么结果？（　　）

```
unsigned x = 0xDEADBEEF;
unsigned char *p = (unsigned char *)&x;
printf("%X", *p);
```

A. EF、EF

B. EF、DE

C. DE、EF

D. DE、DE

**7.** 一个深度为5（根结点深度为1）的完全三叉树，按前序遍历的顺序从1开始给结点编号，则第100号结点的父结点是第（　　）号。

A. 95

B. 96

C. 97

D. 98

**8.** 强连通图的性质不包括（　　）。

A. 每个顶点的度数至少为1

B. 任意两个顶点之间都有边相连

C. 任意两个顶点之间都有路径相连

D. 每个顶点至少都连有一条边

**9.** 每个顶点度数均为2的无向图称为“2正规图”。由编号为从1到$n$的顶点构成的所有2正规图，其中包含欧拉回路的不同的2正规图的数量为（　　）。

A. $n!$

B. $(n-1)!$

C. $n!/2$

D. $(n-1)!/2$

**10.** 共有8人选修了程序设计课程，期末大作业要求由2人组队完成。假设不区分每个团队内2人的角色和作用，请问共有多少种可能的组队方案。（　　）

A. 28

B. 32

C. 56

D. 64

**11.** 小明希望选到形如“省 A·$\mathscr{LLDDD}$”的车牌号。车牌号在“·”之前的内容固定不变；在后面的 5 位号码中，前 2 位必须是大写英文字母，后 3 位必须是阿拉伯数字（$\mathscr{L}$代表 A ~ Z，$\mathscr{D}$表示 0 ~ 9，两个 $\mathscr{L}$ 和 3 个$\mathscr{D}$之间可能相同也可能不同）。请问总共有多少个可供选择的车牌号。（ ）

A. 20280

B. 52000

C. 676000

D. 1757600

**12.** 给定地址区间为 0 ~ 9 的哈希表，哈希函数为 $h(x)=x\%10$，采用线性探查的冲突解决策略（当出现冲突情况，会往后探查第一个空的地址存储；若地址 9 发生冲突则从地址 0 重新开始探查）。哈希表初始为空表，依次存储（71、23、73、99、44、79、89）后，请问 89 存储在哈希表哪个地址中？（ ）

A. 9

B. 0

C. 1

D. 2

**13.** 对于给定的 n，分析以下代码段对应的时间复杂度，其中最为准确的时间复杂度为（ ）。

```
int i, j, k = 0;
for (i = 0; i < n; i++) {
for (j = 0; j < n; j*=2) {
    k = k + n / 2;
  }
}
```

A. $O(n)$

B. $O(n \log n)$

C. $O(n\sqrt{n})$

D. $O(n^2)$

**14.** 以比较为基本运算，在含有 $n$ 个数的数组中找最大的数，在最坏情况下至少要做（ ）次运算。

A. $n/2$

B. $n-1$

C. $n$

D. $n+1$

**15.** ack 函数在输入参数“(2,2)”时的返回值为（ ）。

```
unsigned ack(unsigned m, unsigned n)
  { if (m == 0) return n + 1;
if (n == 0) return ack(m - 1, 1);
  return ack(m - 1, ack(m, n - 1));
```

```
}
```

A. 5

B. 7

C. 9

D. 13

**二、阅读程序**（程序输入不超过数组或字符串定义的范围；对于判断题，正确填√，错误填×；除特殊说明外，判断题每题1.5分，选择题每题3分，共计40分）

（一）

```
01 #include <iostream>
02 #include <string>
03 #include <vector>
04
05 using namespace std;
06
07 int f(const string &s, const string &t)
08 {
09     int n = s.length(), m = t.length();
10
11     vector<int> shift(128, m + 1);
12
13     int i, j;
14
15     for (j = 0; j < m; j++)
16         shift[t[j]] = m - j;
17
18     for (i = 0; i <= n - m; i += shift[s[i + m]]) {
19         j = 0;
20         while (j < m && s[i + j] == t[j]) j++;
21         if (j == m) return i;
22     }
23
24     return -1;
25 }
26
27 int main()
28 {
29     string a, b;
30     cin >> a >> b;
31     cout << f(a, b) << endl;
32     return 0;
33 }
```

假设输入字符串由ASCII可见字符组成，完成下面的判断题和单选题。

- 判断题

**16.**（1分）当输入为“abcde fg”时，输出为-1。（　　）

**17.** 当输入为“abbababbbab abab”时，输出为4。（　　）

**18.** 当输入为“GoodLuckCsp2022 22”时，第20行的“j++”语句执行次数为2。（　　）

- 单选题

**19.** 该算法最坏情况下的时间复杂度为（　　）。

A. $O(n+m)$

B. $O(n \log m)$

C. $O(m \log n)$

D. $O(nm)$

**20.** f(a, b)与下列（　　）语句的功能最接近。

A. a.find(b)

B. a.rfind(b)

C. a.substr(b)

D. a.compare(b)

**21.** 当输入为“baaabaaabaaabaaaa aaaa”，第20行的“j++”语句执行次数为（　　）。

A. 9

B. 10

C. 11

D. 12

（二）

```
01 #include <iostream>
02
03 using namespace std;
04
05 const int MAXN = 105;
06
07 int n, m, k, val[MAXN];
08 int temp[MAXN], cnt[MAXN];
09
10 void init()
11 {
12     cin >> n >> k;
13     for (int i = 0; i < n; i++) cin >> val[i];
14     int maximum = val[0];
15     for (int i = 1; i < n; i++)
16         if (val[i] > maximum) maximum = val[i];
17     m = 1;
18     while (maximum >= k) {
19         maximum /= k;
20         m++;
21 }
```

```
22 }
23
24 void solve()
25 {
26     int base = 1;
27     for (int i = 0; i < m; i++) {
28         for (int j = 0; j < k; j++) cnt[j] = 0;
29         for (int j = 0; j < n; j++) cnt[val[j] / base % k]++;
30         for (int j = 1; j < k; j++) cnt[j] += cnt[j - 1];
31         for (int j = n - 1; j >= 0; j--) {
32             temp[cnt[val[j] / base % k] - 1] = val[j];
33             cnt[val[j] / base % k]--;
34         }
35         for (int j = 0; j < n; j++) val[j] = temp[j];
36         base *= k;
37     }
38 }
39
40 int main()
41 {
42     init();
43     solve();
44     for (int i = 0; i < n; i++) cout << val[i] << ' ';
45     cout << endl;
46     return 0;
47 }
```

假设输入的 n 为不大于 100 的正整数，k 为不小于 2 且不大于 100 的正整数，val[i]在 int 表示范围内，完成下面的判断题和单选题。

● 判断题

**22.** 这是一个不稳定的排序算法。(　　)

**23.** 该算法的空间复杂度仅与 n 有关。(　　)

**24.** 该算法的时间复杂度为 $O(m(n+k))$。(　　)

● 单选题

**25.** 当输入为“5 3 98 26 91 37 46”时，程序第一次执行到第 36 行，val[]数组的内容依次为(　　)。

A. 91 26 46 37 98

B. 91 46 37 26 98

C. 98 26 46 91 37

D. 91 37 46 98 26

**26.** 若 val[i]的最大值为 100，k 取(　　)时算法运算次数最少。

A. 2

B. 3

C. 10

D. 不确定

**27.** 当输入的 k 比 val[i]的最大值还大时，该算法退化为（　　）算法。

A. 选择排序

B. 冒泡排序

C. 计数排序

D. 桶排序

（三）

```
01 #include <iostream>
02 #include <algorithm>
03
04 using namespace std;
05
06 const int MAXL = 1000;
07
08 int n, k, ans[MAXL];
09
10 int main(void)
11 {
12     cin >> n >> k;
13     if (!n) cout << 0 << endl;
14     else
15     {
16         int m = 0;
17         while (n)
18         {
19             ans[m++] = (n % (-k) + k) % k;
20             n = (ans[m - 1] - n) / k;
21         }
22         for (int i = m - 1; i >= 0; i--)
23             cout << char(ans[i] >= 10 ?
24                 ans[i] + 'A' - 10 :
25                 ans[i] + '0');
26         cout << endl;
27     }
28     return 0;
29 }
```

假设输入的 n 在 int 范围内，k 为不小于 2 且不大于 36 的正整数，完成下面的判断题和单选题。

● 判断题

**28.** 该算法的时间复杂度为 $O(\log_k n)$。（　　）

**29.** 删除第 23 行的强制类型转换，程序的行为不变。(　　)

**30.** 除非输入的 $n$ 为 0，否则程序输出的字符数为 $O(\lfloor\log_k|n|\rfloor+1)$。(　　)

● 单选题

**31.** 当输入为“100 7”时，输出为(　　)。

A. 202

B. 1515

C. 244

D. 1754

**32.** 当输入为“-255 8”时，输出为(　　)。

A. 1400

B. 1401

C. 417

D. 400

**33.** 当输入为“1000000 19”时，输出为(　　)。

A. BG939

B. 87GIB

C. 1CD428

D. 7CF1B

## 三、完善程序（单选题，每题 3 分，共计 30 分）

（一）（归并第 $k$ 小）已知两个长度均为 $n$ 的有序数组 $a_1$ 和 $a_2$（均为递增序，但是不保证严格单调递增），并且给定正整数 $k$（$1\leqslant k\leqslant 2n$），求数组 $a_1$ 和 $a_2$ 归并排序后的数组中第 $k$ 小的数值。

试补全程序。

```
01 #include <bits/stdc++.h>
02 using namespace std;
03
04 int solve(int *a1, int *a2, int n, int k) {
05   int left1 = 0, right1 = n - 1;
06   int left2 = 0, right2 = n - 1;
07   while (left1 <= right1 && left2 <= right2) {
08     int m1 = (left1 + right1) >> 1;
09     int m2 = (left2 + right2) >> 1;
10     int cnt = ____①____;
11     if (____②____) {
12       if (cnt < k) left1 = m1 + 1;
13       else right2 = m2 - 1;
14     } else {
15       if (cnt < k) left2 = m2 + 1;
16       else right1 = m1 - 1;
17     }
18   }
19   if (____③____) {
```

```
20     if (left1 == 0) {
21       return a2[k - 1];
22     } else {
23       int x = a1[left1 - 1], ____④____;
24       return std::max(x, y);
25     }
26   } else {
27     if (left2 == 0) {
28       return a1[k - 1];
29     } else {
30       int x = a2[left2 - 1], ____⑤____;
31       return std::max(x, y);
32     }
33   }
34 }
```

**34.** ①处应填（　　）。

A. `(m1 + m2) * 2`

B. `(m1 - 1) + (m2 - 1)`

C. `m1 + m2`

D. `(m1 + 1) + (m2 + 1)`

**35.** ②处应填（　　）。

A. `a1[m1] == a2[m2]`

B. `a1[m1] <= a2[m2]`

C. `a1[m1] >= a2[m2]`

D. `a1[m1] != a2[m2]`

**36.** ③处应填（　　）。

A. `left1 == right1`

B. `left1 < right1`

C. `left1 > right1`

D. `left1 != right1`

**37.** ④处应填（　　）。

A. `y = a1[k - left2 - 1]`

B. `y = a1[k - left2]`

C. `y = a2[k - left1 - 1]`

D. `y = a2[k - left1]`

**38.** ⑤处应填（　　）。

A. `y = a1[k - left2 - 1]`

B. `y = a1[k - left2]`

C. `y = a2[k - left1 - 1]`

D. `y = a2[k - left1]`

（二）（容器分水）有两个容器，容器 1 的容量为 $a$ 升，容器 2 的容量为 $b$ 升；同时允许下列三种操作。

- ILL(i)：用水龙头将容器 i（i∈{1,2}）灌满水；
- DROP(i)：将容器 i 的水倒进下水道；
- POUR(i,j)：将容器 i 的水倒进容器 j（完成此操作后，要么容器 j 被灌满，要么容器 i 被清空）。

求只使用上述的两个容器和 3 种操作，获得恰好 $c$ 升水的最少操作数和操作序列。上述 $a$、$b$、$c$ 均为不超过 100 的正整数，且 $c \leqslant \max\{a,b\}$。

试补全程序。

```
01 #include <bits/stdc++.h>
02 using namespace std;
03 const int N = 110;
04
05 int f[N][N];
06 int ans;
07 int a, b, c;
08 int init;
09
10 int dfs(int x, int y) {
11   if (f[x][y] != init)
12     return f[x][y];
13   if (x == c || y == c)
14     return f[x][y] = 0;
15   f[x][y] = init - 1;
16   f[x][y] = min(f[x][y], dfs(a, y) + 1);
17   f[x][y] = min(f[x][y], dfs(x, b) + 1);
18   f[x][y] = min(f[x][y], dfs(0, y) + 1);
19   f[x][y] = min(f[x][y], dfs(x, 0) + 1);
20   int t = min(a - x, y);
21   f[x][y] = min(f[x][y], ____①____);
22   t = min(x, b - y);
23   f[x][y] = min(f[x][y], ____②____);
24   return f[x][y];
25 }
26
27 void go(int x, int y) {
28   if (____③____)
29     return;
30   if (f[x][y] == dfs(a, y) + 1) {
31     cout << "FILL(1)" << endl;
32     go(a, y);
33   } else if (f[x][y] == dfs(x, b) + 1) {
34     cout << "FILL(2)" << endl;
35     go(x, b);
```

```
36   } else if (f[x][y] == dfs(0, y) + 1) {
37     cout << "DROP(1)" << endl;
38   go(0, y);
39   } else if (f[x][y] == dfs(x, 0) + 1) {
40     cout << "DROP(2)" << endl;
41     go(x, 0);
42   } else {
43     int t = min(a - x, y);
44     if (f[x][y] == ____④____) {
45       cout << "POUR(2,1)" << endl;
46       go(x + t, y - t);
47     } else {
48       t = min(x, b - y);
49       if (f[x][y] == ____⑤____) {
50         cout << "POUR(1,2)" << endl;
51         go(x - t, y + t);
52       } else
53     assert(0);
54     }
55   }
56 }
57
58 int main() {
59   cin >> a >> b >> c;
60   ans = 1 << 30;
61   memset(f, 127, sizeof f);
62   init = **f;
63   if ((ans = dfs(0, 0)) == init - 1)
64     cout << "impossible";
65   else {
66     cout << ans << endl;
67     go(0, 0);
68   }
69 }
```

**39.** ①处应填（　　）。

A. dfs(x + t, y - t) + 1

B. dfs(x + t, y - t) - 1

C. dfs(x - t, y + t) + 1

D. dfs(x - t, y + t) - 1

**40.** ②处应填（　　）。

A. dfs(x + t, y - t) + 1

B. dfs(x + t, y - t) - 1

C. dfs(x - t, y + t) + 1

D. `dfs(x - t, y + t) - 1`

**41.** ③处应填（　　）。

A. `x == c || y == c`

B. `x == c && y == c`

C. `x >= c || y >= c`

D. `x >= c && y >= c`

**42.** ④处应填（　　）。

A. `dfs(x + t, y - t) + 1`

B. `dfs(x + t, y - t) - 1`

C. `dfs(x - t, y + t) + 1`

D. `dfs(x - t, y + t) - 1`

**43.** ⑤处应填（　　）。

A. `dfs(x + t, y - t) + 1`

B. `dfs(x + t, y - t) - 1`

C. `dfs(x - t, y + t) + 1`

D. `dfs(x - t, y + t) - 1`

# 2023 CCF 非专业级别软件能力认证第一轮（CSP-S1）

## 提高组 C++语言试题

**注意事项：**

- 本试卷满分 100 分，时间 120 分钟。完成测试后，学生可在“佐助题库”中提交自己的答案进行测评，查看分数和排名。
- 测评方式：登录“佐助题库”，点击“初赛测评”，输入 ID“1059”，密码：123456。
- 未注册“佐助题库”账号的读者，请先根据本书“关于初赛检测系统”的介绍，免费注册账号。

**一、选择题**（共 15 题，每题 2 分，共计 30 分；每题有且仅有一个正确选项）

**1.** 在 Linux 系统终端中，以下哪个命令用于创建一个新的目录？（　　）

A. newdir

B. mkdir

C. create

D. mkfolder

**2.** 从 0、1、2、3、4 中选取 4 个数字，能组成（　　）个不同的四位数。（注：最小的四位数是 1000，最大的四位数是 9999。）

A. 96

B. 18

C. 129

D. 84

**3.** 假设 $n$ 是图的顶点的个数，$m$ 是图的边的个数，为求解某一问题，有下面 4 种不同时间复杂度的算法。对于 $m=\theta(n)$ 的稀疏图而言，在下面的 4 个选项中，（　　）的渐近时间复杂度最小。

A. $O(m\sqrt{\log n \cdot \log\log n})$

B. $O(n^2+m)$

C. $O\left(\frac{n^2}{\log m}+m\log n\right)$

D. $O(m+n\log n)$

**4.** 假设有 $n$ 根柱子，需要按照以下规则依次放置编号为 1、2、3、……的圆环：每根柱子的底部固定，顶部可以放入圆环；每次从柱子顶部放入圆环时，需要保证任何两个相邻圆环的编号之和是一个完全平方数。请计算当有 4 根柱子时，最多可以放置（　　）个圆环。

A. 7　　B. 9　　C. 11　　D. 5

**5.** 以下对数据结构的表述中不恰当的一项是（　　）。

A. 队列是一种先进先出（FIFO）的线性结构

B. 哈夫曼树的构造过程主要是为了实现图的深度优先搜索

C. 散列表是一种通过散列系数将关键字映射到存储位置的数据结构

D. 二叉树是一种每个结点最多有两个子结点的树结构

**6.** 在以下连通无向图中，（　　）一定可以用不超过两种颜色进行染色。

A. 完全三叉树

B. 平面图

C. 边双连通图

D. 欧拉图

**7.** 最长公共子序列的长度常被用来衡量两个序列的相似度。其定义如下：给定两个序列 $x=\{x_1,x_2,x_3,\cdots,x_a\}$ 和 $y=(y_1,y_2,y_3,\cdots,y_n\}$，最长公共子序列（LCS）问题的目标是找到一个最长的新序列 $z=\{z_1,z_2,z_3,\cdots,z_k\}$，使序列 $z$ 既是序列 $x$ 的子序列，又是序列 $y$ 的子序列，且序列 $z$ 的长度 $k$ 在满足上述条件的序列里是最大的。（注：序列X是序列Y的子序列，当且仅当在保持序列Y元素顺序的情况下，从序列Y中删除若干个元素，可以使剩余的元素构成序列X。）则序列“ABCAAAABA”和“ABABCBABA”的最长公共子序列长度为（　　）。

A. 4

B. 5

C. 6

D. 7

**8.** 一位玩家正在玩一个特殊的掷骰子的游戏，该游戏要求连续掷两次骰子，收益规则如下：玩家第一次掷出 $x$ 点，得到 $2x$ 元；第二次掷出 $y$ 点，当 $y=x$ 时，玩家会失去之前得到的 $2x$ 元；而当 $y\neq x$ 时，玩家能保住第一次获得的 $2x$ 元。上述 $x,y\in\{1,2,3,4,5,6\}$。例如：玩家第一次掷出3点得到6元后，但第二次再次掷出3点，会失去之前得到的6元，玩家最终收益为0元；如果玩家第一次掷出3点、第二次掷出4点，则最终收益是6元。假设骰子掷出任意一点的概率均为1/6，玩家连续掷两次骰子后，所有可能情形下收益的平均值是（　　）。

A. 7元

B. 35/6元

C. 16/3元

D. 19/3元

**9.** 假设我们有以下的C++代码：

```
int a=5, b=3, c=4;
bool res = a & b || c ^ b && a | c;
```

请问 res 是什么？（　　）

提示：在C++中，逻辑运算的优先级从高到低依次为：逻辑非（!）、逻辑与（&&）、逻辑或（||）。位运算的优先级从高到低依次为：位非（~）、位与（&）、位异或（^）、位或（|）。同时，双目位运算的优先级高于双目逻辑运算；逻辑非运算的和位非运算的优先级相同，且高于所有双目运算符。

A. true

B. false

C. 1

D. 0

**10.** 假设快速排序算法的输入是一个长度为 $n$ 的已排序数组，且该快速排序算法在分治过程中总是选择第一个元素作为基准元素。以下哪个选项描述的是在这种情况下的快速排序行为？（　　）

A. 快速排序对于此类输入的表现最好，因为数组已经排序

B. 快速排序对于此类输入的时间复杂度是 $O(n\log n)$

C. 快速排序对于此类输入的时间复杂度是 $O(n^2)$

D. 快速排序无法对此类数组进行排序，因为数组已经排序

**11.** 以下哪个命令能将一个名为“main.cpp”的 C++源文件，编译并生成一个名为“main”的可执行文件？（　　）

A. g++ -o main main.cpp

B. g++ -o main.cpp main

C. g++ main -o main.cpp

D. g++ main.cpp -o main.cpp

**12.** 在图论中，树的重心（一棵树可能有多个重心）是树上的一个结点，以该结点为根时，使得其所有子树中结点数最多的子树的结点数最少。请问下面哪种树一定只有一个重心？（　　）

A. 4 个结点的树

B. 6 个结点的树

C. 7 个结点的树

D. 8 个结点的树

**13.** 下图是一张包含 6 个顶点的有向图，但顶点间不存在拓扑序。如果要删除其中一条边，使这 6 个顶点能进行拓扑排序，请问总共有多少条边可以作为候选的被删除边？（　　）。

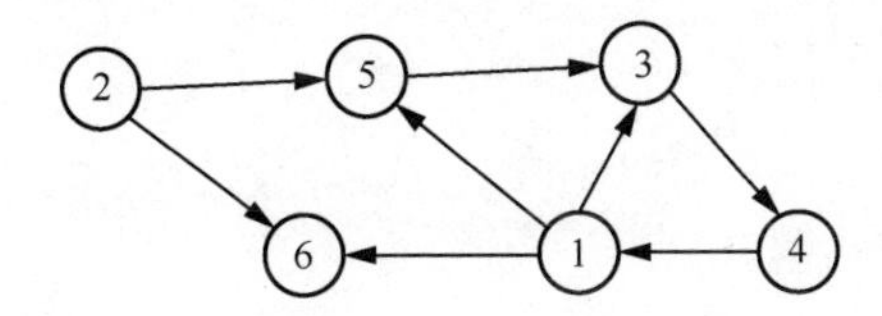


A. 1

B. 2

C. 3

D. 4

**14.** 若 $n=\sum_{i=0}^{k}16^i \cdot x_i$，定义 $f(n)=\sum_{i=0^{x}i}^{k}$，其中 $x_i \in \{0,1,.,15\}$。对于给定的自然数 $n_0$，存在有序序列 $n_0$，$n_1$，$n_2$，…，$n_m$，其中对于 $1 \leqslant i \leqslant m$ 都有 $n_i=f(n_{i-1})$，且 $n_m=n_{m-1}$，称 $n_m$ 为 $n_0$ 关于 $f$ 的不动点。那么在 $100_{16}$ 至 $1A0_{16}$ 中，关于 $f$ 的不动点为 9 的自然数个数是（　　）。

A. 10

B. 11

C. 12

D. 13

**15.** 现在用以下代码来计算 x，其时间复杂度为（　　）。

```
double quick_power(double x, unsigned n) {
  if (n == 0) return 1;
  if (n == 1) return x;
  return  quick_power(x, n / 2) * quick_power(x, n / 2) * ((n&1) ? x : 1);
}
```

A. $O(n)$

B. $O(1)$

C. $O(\log n)$

D. $O(n\log n)$

**二、阅读程序**（程序输入不超过数组或字符串定义的范围；对于判断题，正确填√，错误填×；除特殊说明外，判断题每题 1.5 分，选择题每题 3 分，共计 40 分）

（一）

```
01 #include <iostream>
02 using namespace std;
03
04 unsigned short f(unsigned short x) {
05   x ^= x << 6;
06   x ^= x >> 8;
07   return x;
08 }
09
10 int main() {
11   unsigned short x;
12   cin >> x;
13   unsigned short y = f(x);
14   cout << y << endl;
15   return 0;
16 }
```

假设输入的 x 是不超过 65535 的自然数，完成下面的判断题和单选题。

- 判断题

**16.** 当输入非零时，输出一定不为零。（　　）

**17.**（2 分）将函数 f 的输入参数的类型改为 unsigned int，程序的输出不变。（　　）

**18.** 当输入为“65535”时，输出为“63”。（　　）

**19.** 当输入为“1”时，输出为“64”。（　　）

- 单选题

**20.** 当输入为“512”时，输出为（　　）。

A. “33289”

B. “33410”

C. “33106”

D. “33346”

**21.** 当输入为“64”时，执行完第5行后x的值为（　　）。

A. “8256”

B. “4130”

C. “4128”

D. “4160”

（二）

```
01 #include  <algorithm>
02 #include  <cmath>
03 #include  <iostream>
04 #include  <vector>
05 using namespace std;
06
07 long long solve1(int n) {
08   vector<bool> p(n + 1, true);
09   vector<long long> f(n + 1, 0), g(n + 1, 0);
10   f[1] = 1;
11   for (int i = 2; i * i <= n; i++) {
12     if (p[i]) {
13       vector<int> d;
14       for (int k = i; k <= n; k *= i) d.push_back(k);
15       reverse(d.begin(), d.end());
16       for (int k : d) {
17         for (int j = k; j <= n; j += k) {
18           if (p[j]) {
19             p[j] = false;
20             f[j] = i;
21             g[j] = k;
22           }
23         }
24       }
25     }
26   }
27   for (int i = sqrt(n) + 1; i <= n; i++) {
28     if (p[i]) {
29       f[i] = i;
30       g[i] = i;
31     }
32   }
33   long long sum = 1;
34   for (int i = 2; i <= n; i++) {
35     f[i] = f[i / g[i]] * (g[i] * f[i] - 1) / (f[i] - 1);
36     sum += f[i];
```

```
37    }
38    return sum;
39 }

40 long long solve2(int n) {
41    long long sum = 0;
42    for (int i = 1; i <= n; i++){
43        sum += i * (n / i);
44    }
45    return sum;
46 }

47 int main() {
48    int n;
49    cin >> n;
50      cout << solvel(n) << endl;
51      cout << solve2(n) << endl;
52    return 0;
53 }
```

假设输入的 n 是不超过 1000000 的正整数，完成下面的判断题和单选题。

- 判断题

**22.** 将第 15 行代码删去，输出不变。(　　)

**23.** 当输入为“10”时，输出的第一行大于第二行。(　　)

**24.** (2 分) 当输入为“1000”时，输出的第一行和第二行相等。(　　)

- 单选题

**25.** solve1(n)的时间复杂度为 (　　)。

A. $O(n\log^2 n)$

B. $O(n)$

C. $O(n\log n)$

D. $O(n\log\log n)$

**26.** solve2(n)的时间复杂度为 (　　)。

A. $O(n^2)$

B. $O(n)$

C. $O(n\log n)$

D. $O(n\log(\log n))$

**27.** 当输入为“5”时，输出的第二行为 (　　)。

A. “20”

B. “21”

C. “22”

D. “23”

（三）

```
01 #include <algorithm>
02 #include <iostream>
03 #include <vector>
04
05 using namespace std;
06
07 bool f0(vector<int> &a, int m, int k){
08   int s = 0;
09   for (int i = 0, j = 0; i < a.size(); i++) {
10     while (a[i] - a[j] > m) j++;
11     s += i - j;
12   }
13   return s >= k;
14 }
15
16 int f(vector<int> &a, int k) {
17   sort(a.begin(), a.end());
18
19   int g = 0;
20   int h = a.back() - a[0];
21   while (g < h) {
22     int m = g + (h - g) / 2;
23     if (f0(a, m, k)) {
24        h = m;
25     } else {
26        g = m + 1;
27     }
28   }
29
30   return g;
31 }
32
33 int main() {
34   int n, k;
35   cin >> n >> k;
36   vector<int> a(n, 0);
37   for (int i = 0; i < n; i++) {
38     cin >> a[i];}
39     cout << f(a, k) << endl;
40   return 0;
41  }
42 }
```

假设输入总是合法的且 a[i]≤$10^8$、n≤10000 和 1≤ks≤n(n-1)/2，完成下面的判断题和单选题。

● 判断题

**28.** 将第 24 行的“m”改为“m-1”，输出有可能不变，而其余情况输出会少 1。(　　)

**29.** 将第 22 行的“g+(h-g)/2”改为“(h+g)>>1”，输出不变。(　　)

**30.** 当输入为“5 7 2 -4 5 1 -3”，输出为“5”。(　　)

● 单选题

**31.** 设 a 数组的元素中最大值减最小值加 1 为 $A$，则 f 函数的时间复杂度为(　　)。

A. $O(n\log A)$

B. $O(n^2\log A)$

C. $O(n\log(nA))$

D. $O(n\log n)$

**32.** 将第 10 行中的“>”替换为“>=”，那么原输出与现输出的大小关系为(　　)。

A. 一定小于

B. 一定小于或等于且不一定小于

C. 一定大于或等于且不一定大于

D. 以上三种情况都不对

**33.** 当输入为“5 8 2 -5 3 8 -1 2”时，输出为(　　)。

A. “13”

B. “14”

C. “8”

D. “15”

**三、完善程序**（单选题，每题 3 分，共计 30 分）

（一）（最小路径）

给定一张有 $n$ 个顶点 $m$ 条边的有向无环图，顶点编号从 0 到 $n-1$，对于一条路径，我们定义“路径序列”为该路径从起点出发依次经过的顶点编号所构成的序列。求在至少包含一个点的所有简单路径中，“路径序列”字典序第 $k$ 小的路径，保证存在至少 $k$ 条路径。上述参数满足 $1\leqslant n, m\leqslant 10^5$ 和 $1\leqslant k\leqslant 10^{18}$。

在程序中，我们求出从每个点出发的路径数量（超过 $10^{18}$ 的数都用 $10^{18}$ 表示）。然后我们根据 $k$ 的值和每个顶点的路径数量，确定路径的起点，然后可以类似地依次求出路径中的每个点。

试补全程序。

```
01 #include <algorithm>
02 #include <iostream>
03
04  const int MAXN = 100080;
05  const long long LIM = 1000000000000000011;
06
07  int n, m, deg[MAXN];
08  std::vector<int> E[MAXN];
09  long long k, f[MAXN];
10
11  int next(std::vector<int> cand, long long &k)  {
```

```
12    std::sort(cand.begin(), cand.end());
13    for (int u : cand)
14    {
15      if (___①___) return u;
16      k -= f[u];
17    }
18    return -1;
19  }
20
21 int main() {
22   std::cin >> n >> m >> k;
23   for (int i = 0; i < m; ++i) {
24     int u, v;
25     std::cin >> u >> v; // 一条从u到v的边
26     E[u].push_back(v);
27     ++deg[v];
28   }
29   std::vector<int> Q;
30   for (int i = 0; i < n; ++i)
31     if (!deg[i]) Q.push_back(i);
32   for (int i = 0; i < n; ++i) {
33     int u = Q[i];
34     for (int v : E[u]) {
35       if (___②___) Q.push_back(v);
36       --deg[v];
37     }
38   }
39   std::reverse(Q.begin(), Q.end());
40   for (int u : Q){
41     f[u] = 1;
42     for (int v : E[u]) f[u] = ___③___;
43   }
44   int u = next(Q, k);
45   std::cout << u << std::endl;
46   while (___④___){
47     ___⑤___;
48     u = next(E[u], k);
49   std::cout << u << std::endl;
50  }
51     return 0;
52 }
```

**34.** ①处应填（　　）。

A. k>=f[u]

B. k<=f[u]

C. `k>f[u]`

D. `k<f[u]`

**35.** ②处应填（　　）。

A. `deg[v] == 1`

B. `deg[v] == 0`

C. `deg[v] > 1`

D. `deg[v] > 0`

**36.** ③处应填（　　）。

A. `std::min(f[u] + f[v], LIM)`

B. `std::min(f[u] + f[v] + 1, LIM)`

C. `std::min(f[u] * f[v], LIM)`

D. `std::min(f[u] * (f[v] + 1), LIM)`

**37.** ④处应填（　　）。

A. `u != -1`

B. `!E[u].empty()`

C. `k > 0`

D. `k > 1`

**38.** ⑤处应填（　　）。

A. `k += f[u]`

B. `k -= f[u]`

C. `--k`

D. `++k`

（二）（求最大值之和）给定整数序列 $a_0$，$a_1$，$a_2$……$a_{(n-1)}$，求该序列所有非空连续子序列的最大值之和。上述参数满足 $1 \leqslant n \leqslant 10^5$ 和 $1 \leqslant a \leqslant 10^8$。一个序列的非空连续子序列可以用两个下标 $l$ 和 $r$（其中 $0 \leqslant l \leqslant r < n$）表示，对应的序列为 $a_l$，$a_{l+1}$，$a_{l+2}$，…，$a_r$。当且仅当下标不同，两个非空连续子序列不同。

例如，当原序列为[1,2,1,2]时，要计算子序列[1]、[2]、[1]、[2]、[1,2]、[2,1]、[1,2]、[1,2,1]、[2,1,2]、[1,2,1,2]的最大值之和，答案为 18。注意[1,1]和[2,2]虽然是原序列的子序列，但不是连续子序列，所以不应该被计算。另外，注意其中有一些值相同的子序列，但由于它们在原序列中的下标不同，属于不同的非空连续子序列，所以会被分别计算。解决该问题有许多种算法，以下程序使用分治算法，其时间复杂度为 $O(n\log n)$。

试补全程序。

```
01 #include <algorithm>
02 #include <iostream>
03 #include <vector>
04
05 const int MAXN = 100000;
06
07 int n;
08 int a[MAXN];
```

```
09 long long ans;
10
11 void solve(int l, int r) {
12    if (l + 1 == r) {
13      ans += a[l];
14     return;
15    }
16    int mid = (l + r) >> 1;
17    std::vector<int> pre(a + mid, a + r);
18    for (int i = 1; i < r - mid; ++i) ___①___;
19    std::vector<long long> sum(r - mid + 1);
20    for (int i = 0; i < r - mid; ++i) sum[i + 1] = sum[i] + pre[i];
21    for (int i = mid - 1, j = mid, max = 0; i >= l; --i) {
22      while (j < r && ___②___) ++j;
23      max = std::max(max, a[i]);
24      ans += ___③___;
25      ans += ___④___;
26    }
27    solve(l, mid);
28    solve(mid, r);
29 }
30
31 int main() {
32    std::cin >> n;
33    for (int i = 0; i < n; ++i) std::cin >> a[i];
34    ___⑤___;
35    std::cout << ans << std::endl;
36    return 0;
37 }
```

**39.** ①处应填（　　）。

A. `pre[i] = std::max (pre[i-1], a[i-1])`

B. `pre[i + 1] = std::max(pre[i], pre[i + 1])`

C. `pre[i] = std::max(pre[i - 1], a[i])`

D. `pre[i] = std::max(pre[i], pre[i - 1])`

**40.** ②处应填（　　）。

A. `a[i] < max`

B. `a[j] < a[i]`

C. `pre[j - mid] < max`

D. `pre[j - mid] > max`

**41.** ③处应填（　　）。

A. `(long long) (j - mid) * max`

B. `(long long) (j - mid) * (i - 1) * max`

C. `sum[j - mid]`

D. `sum[j - mid] * (i - 1)`

**42.** ④处应填（　　）。

A. `(long long) (r - j) * max`

B. `(long long) (r - j) * (mid - i) * max`

C. `sum[r - mid] - sum[i - mid]`

D. `(sum[r - mid] - sum[j - mid]) * (mid - i)`

**43.** ⑤处应填（　　）。

A. `solve(0, n)`

B. `solve(0, n - 1)`

C. `solve(1, n)`

D. `solve(1, n - 1)`

# 信息学奥赛 CSP-S 初赛模拟题（一）

## 提高组 C++语言试题

**注意事项：**

- 本试卷满分 100 分，时间 120 分钟。完成测试后，学生可在“佐助题库”中提交自己的答案进行测评，查看分数和排名。
- 测评方式：登录“佐助题库”，点击“初赛测评”，输入 ID“1049”，密码：123456。
- 未注册“佐助题库”账号的读者，请先根据本书“关于初赛检测系统”的介绍，免费注册账号。

**一、选择题**（共 15 题，每题 2 分，共计 30 分；每题有且仅有一个正确选项）

**1.** Linux 系统终端用于删除文件或目录的命令为（　　）。

A. ls

B. rm

C. del

D. cp

**2.** 使用 `time` 命令为命令 `find . -name "target_file"`运行计时，假如 `time` 命令的输出如下：

```
real 0m1.837s
user 0m0.030s
sys 0m0.170s
```

该命令在内核态消耗的时长最接近（　　）。

A. 2s

B. 1.8s

C. 0.2s

D. 0.03s

**3.** 若元素 a、b、c、d、e、f 依次进栈，允许进栈、退栈操作交替进行，但不允许连续三次进栈操作，则不可能得到的出栈序列是（　　）。

A. abcdef

B. bdfeca

C. cbdaef

D. acbefd

**4.** 考虑对 $n$ 个数进行排序，以下排序算法中平均复杂度不是 $O(n^2)$ 的排序方法是（　　）。

A. 插入排序

B. 冒泡排序

C. 选择排序

D. 堆排序

**5.** 假设在归并排序过程中，受宇宙射线的影响，某项数据异变为一个完全不同的值。请问在排序算法结束后，可能出现的最坏情况是（　　）。

A. 移除受影响的数据后，最终序列是有序序列

B. 移除受影响的数据后，最终序列是前后两个有序的子序列

C. 移除受影响的数据后，最终序列是一个有序的子序列和一个基本无序的子序列

D. 移除受影响的数据后，最终序列基本无序

**6.** 计算机系统中采用小端（Little Endian）和大端（Big Endian）来描述多字节数据的存储地址顺序模式，其中小端表示将低位字节数据存储在低地址的模式、大端表示将高位字节数据存储在低地址的模式。若某数据在小端模式的系统中被连续存储为 0b00101110，那么在大端序系统中该数据会被连续存储为（　　）。

A. 0b00101110

B. 0b11100010

C. 0b10111000

D. 0b01110100

**7.** 一棵深度为 5（根结点深度为 1）的满二叉树，按照后序遍历的顺序从 1 开始给结点编号，则根结点的右儿子结点的编号为（　　）。

A. 17

B. 23

C. 24

D. 30

**8.** 一张有 $n$ 个结点的有向图最少需要添加（　　）条边能保证其成为一张强连通图。

A. $n-1$

B. $n$

C. $n*2$

D. $n*(n-1)/2$

**9.** $n$（$n\geqslant 2$）个高矮不一的小朋友在玩排队游戏，他们排成了一个圆圈。其中使最高的小朋友和最矮的小朋友不相邻的排队方式有（　　）种。

A. $n!$

B. $(n-1)!$

C. $(n-1)!-(n-2)!$

D. $(n-1)!-2\times(n-2)!$

**10.** 共有 5 个男生和 5 个女生选修了程序设计课程，期末大作业要求由 2 人组成的团队完成。假设要求将这些同学分成 5 个团队，团队要求男女搭配，请问共有多少种可能的组队方案。（　　）

A. 120

B. 125

C. 25

D. 5

**11.** 公园里有 10 盏灯和 10 个开关，第 $i$ 个开关可以同时切换前 $i$ 盏灯的状态（从打开变为关闭、从关闭变为打开），一开始 10 盏灯都是关的，通过按动这些开关可以使这 10 盏灯形成（　　）种不同的状态。

A. 1024

B. 512

C. 1023

D. 511

**12.** 给定地址区间为 0 ~ 9 的哈希表，哈希函数为 $h(x) = x \% 10$，采用双向平方探查的冲突解决策略［对于出现冲突情况，会先往后探查第一个地址，若仍然冲突，则往回探查第一个地址，若继续冲突，则往后探查第四个（2 的平方）地址，以此类推］。哈希表初始为空表，依次存储（5, 15, 25, 35, 49, 50, 60），那么 60 存储在哈希表中的（　　）地址上。

A. 0

B. 2

C. 8

D. 陷入死循环，无法存储

**13.** 对于给定的 $n$，分析以下代码段对应的时间复杂度，其中最为准确的时间复杂度为（　　）。

```
int sum = 0;
for (int i = 1; i <= n; i ++) {
        for (int j = 1; j <= n / i; j ++) {
                sum = sum + n / j;
        }
}
```

A. $O(n)$

B. $O(n \log n)$

C. $O(n^2)$

D. $O(n\ \mathrm{sqrt}(n))$

**14.** 以比较为基本运算，在 $2n$ 个数的数组中同时查找最大的数和最小的数，在最坏情况下至少要做（　　）次运算。

A. $3n-2$

B. $3n-1$

C. $2n-1$

D. $4n-2$

**15.** func 函数在输入参数为 (17, 7) 时的返回值为（　　）。

```
unsigned func(unsigned m, unsigned n)
{
        if (m == 0) return 1;
        if (m <= n) return 1;
        return func(m, n + 1) + func(m - 1, n + 1);
}
```

A. 144

B. 233

C. 89

D. 377

**二、阅读程序**（程序输入不超过数组或字符串定义的范围；对于判断题，正确填√，错误填×；除特殊说明外，判断题每题 1.5 分，选择题每题 3 分，共计 40 分）

（一）

```
01  #include <iostream>
02
03  using namespace std;
04
05  const int MAXN = 100005;
06
07  int n, sz[MAXN], lson[MAXN], rson[MAXN], val[MAXN];
08  int cnt;
09
10 void ins(int &pos, int x)
11 {
12     if (!pos)
13     {
14         pos = ++ cnt;
15         sz[pos] = 1;
16         val[pos] = x;
17         return ;
18     }
19     if (sz[lson] > sz[rson]) ins(rson[pos], x);
20     else ins(lson[pos], x);
21     sz[pos] ++;
22 }
23
24 void output(int pos)
25 {
26     if (!pos) return;
27     cout << val[pos] << " ";
28     output(lson[pos]);
29     output(rson[pos]);
30 }
31
32 int main()
33 {
34     cin >> n;
35     int root = 0;
36     for (int i = 1; i <= n; i ++)
37     {
```

```
38            int tmp;
39            cin >> tmp;
40            ins(root, tmp);
41        }
42        output(root);
43        return 0;
44 }
```

假设输入的 $n$ 为 100000 以内的正整数，其余所有数字在 int 范围内。

- 判断题

**16.** 当输入为“3 1 2 3”时，输出为“1 2 3”（忽略行末空格）。（    ）

**17.** 如果将第 14 行的 ++cnt 修改为 cnt++，程序的行为不变。（    ）

**18.** 在算法执行过程中，以 root 为根的树始终维持为一棵完全二叉树。（    ）

- 单选题

**19.** 该算法的时间复杂度为（    ）。

A. $O(n)$

B. $O(n\ \mathrm{sqrt}(n))$

C. $O(n \log n)$

D. $O(n^2)$

**20.** 当输入为“7 1 2 3 4 5 6 7”时，输出为（    ）（忽略行末空格）。

A. 1 2 3 4 5 6 7

B. 4 2 6 1 5 3 7

C. 4 6 2 5 7 3 1

D. 1 2 4 6 3 5 7

**21.** 当输入为“100000 1 2 3 4 5 ...（省略 6 至 99998）99999 100000”，输出的第 5 个数为（    ）。

A. 15

B. 16

C. 31

D. 32

（二）

```
01 #include <iostream>
02
03 using namespce std;
04
05 const int MAXN = 105;
06
07 int n, arr[MAXN];
08
09 void solve()
10 {
11     for (int i = n / 2; i > 0; i /= 2)
```

```
12          for (int j = i + 1; j <= n; j ++)
13              for (int k = j; k > i; k -= i)
14                  if (arr[k] < arr[k - i])
15                      swap(arr[k], arr[k - i]);
16                  else
17                      break;
18 }
19
20 int main()
21 {
22     cin >> n;
23     for (int i = 1; i <= n; i ++)
24         cin >> arr[i];
25     solve();
26     for (int i = 1; i <= n; i ++)
27     {
28         cout << arr[i];
29         if (i != n)
30             cout << " ";
31         else
32             cout << endl;
33     }
34     return 0;
35 }
```

假设输入的 $n$ 为 100 以内的正整数，其他所有数字在 int 范围内，完成下面的判断题和单选题。

- 判断题

**22.** 这是一个稳定的排序算法。(　　)

**23.** 该算法的时间复杂度总是 $O(n^2)$。(　　)

**24.** 该算法在最好情况下的时间复杂度为 $O(n)$。(　　)

- 单选题

**25.** 当输入为“5 16 13 97 27 9”时，程序第二次执行到第 11 行，arr[] 数组的内容依次为(　　)。

A. 9 13 16 97 27

B. 16 13 97 27 9

C. 9 13 16 27 97

D. 16 9 97 27 13

**26.** 若给定 $n$ 为 10，arr 取(　　)时算法运算次数最少。

A. 递增数列

B. 递减数列

C. 随机数列

D. 不确定

**27.** 如果将第 11 行修改为 `for (int i = 1; i > 0; i /= 2)`，该算法退化为（　　）算法。

A. 冒泡排序

B. 基数排序

C. 选择排序

D. 插入排序

（三）

```
01  #include <iostream>
02
03  using namespace std;
04
05  int solve1(int a, int b)
06  {
07      if (!(a & b)) return a + b;
08      return solve1(a >> 1, b >> 1) << 1 | ((a + b) & 1);
09  }
10
11 int solve2(int a, int b)
12 {
13     if (b <= 0) return a + b;
14     a = solve1(a % b, b);
15     b = solve1(a, b);
16     a = solve1(a, b);
17     b = solve2(a, b);
18     return b;
19 }
20
21 int main()
22 {
23     int a, b;
24     cin >> a >> b;
25     cout << solve2(a, b) << endl;
26     return 0;
27 }
```

假设输入的 $a, b$ 为不大于 1000000 的正整数，完成下面的判断题和单选题。

- 判断题

**28.** 该算法的时间复杂度为 $O(\max(a, b))$。（　　）

**29.** 将第 15 行的 `a` 替换为 `a % b`，程序的行为不变。（　　）

**30.** 不管程序的输入为何（符合题设要求），程序的输出总是正数。（　　）

- 单选题

**31.**（2.5 分）当输入为"5 1"时，输出为（　　）。

A. 5

B. 1

C. 0

D. 4

**32.** 当输入为“3 6”时，输出为（　　）。

A. 3

B. 6

C. 0

D. 1

**33.** 当输入为“1386 5187”时，输出为（　　）。

A. 1386

B. 21

C. 7

D. 3

## 三、完善程序（单选题，每题 3 分，共计 30 分）

（一）（求解方程）已知一个一元 $n$ 次方程 $\sum a_k x^k = 0$ 和两个点 $b$ 和 $c$，使得 $\sum a_k b^k < 0$，$\sum a_k c^k > 0$，求一个解 $x_0$ 使得 $\sum a_k x_0^k = 0$，精确到小数点后五位，$n$ 是一个不超过 5 的正整数。

输入时首先输入 $n$，接着按顺序输入 $n+1$ 个数表示 $a_0$ 至 $a_n$。

试补全程序。

```
01  #include <bits/stdc++.h>
02
03  using namespace std;
04
05  double a[10], b, c;
06  int n;
07
08  double calc(double x)
09  {
10     double ans = 0;
11     for (int i = 1; i <= ___①___; i ++)
12         ans = ans + a[i] * ___②___;
13     return ans;
14 }
15
16 int main()
17 {
18     cin >> n;
19     for (int i = 1; i <= n + 1; i ++)
20         cin >> a[i];
21     cin >> b >> c;
22     double p1, p2;
23     ___③___;
24     while(___④___)
25     {
```

```
26          double mid = (p1 + p2) / 2;
27          double ans = calc(mid);
28          if (____⑤____)
29              p1 = mid;
30          else
31              p2 = mid;
32      }
33      cout << fixed << setprecision(5) << p1 << endl;
34      return 0;
35 }
```

**34.** ①处应填（　　）。

A. n-1

B. n

C. n + 1

D. n * 2

**35.** ②处应填（　　）。

A. x

B. pow(x, i - 1)

C. pow(x, i)

D. pow(x, i + 1)

**36.** ③处应填（　　）。

A. p1 = min(b, c), p2 = max(b, c);

B. p1 = max(b, c), p2 = min(b, c);

C. p1 = b, p2 = c;

D. p1 = b - c, p2 = b + c;

**37.** ④处应填（　　）。

A. p1 != p2

B. p2 - p1 > 5e-6

C. p1 - p2 > 5e-6

D. abs(p2 - p1) > 5e-6

**38.** ⑤处应填（　　）。

A. ans < 0

B. ans > 0

C. ans == 0

D. ans != 0

（二）（十滴水）在一个 4×4 的棋盘上有若干滴水，玩家可以选择消除某一滴水，这会导致这滴水向上、下、左、右四个方向发出水滴，并清除水滴遇到的第一滴水，请注意，被水滴清除的水不会再向上下左右发出水滴。问玩家至少需要多少步才能清空棋盘。

输入为一个 4×4 的矩阵，当为 1 表示这一格有一滴水，当为 0 表示这一格没有水。

```
01  #include <bits/stdc++.h>
02
03  using namespace std;
04
05  const int MAXN = (1 << 16) + 5;
06
07  int dist[MAXN];
08
09  int pop(int state, int pos) // 消除某一滴水
10 {
11    state ^= ___①___;
12    // 上
13    for (int i = pos; i >= 0; i -= 4)
14       if (state & 1 << i)
15       {
16          state ^= 1 << i;
17          break;
18       }
19    // 下
20    for (int i = pos; i < 16; i += 4)
21       if (state & 1 << i)
22       {
23          state ^= 1 << i;
24          break;
25       }
26    // 左
27    for (int i = pos; ___②___; i --)
28       if (state & 1 << i)
29       {
30          state ^= 1 << i;
31          break;
32       }
33    // 右
34    for (int i = pos; ___③___; i ++)
35       if (state & 1 << i)
36       {
37          state ^= 1 << i;
38          break;
39       }
40    return state;
41 }
42
43 void solve(int state)
44 {
45    if (!state)
```

```
46     {
47        dist[state] = 0;
48        return ;
49     }
50     if (   ④   )
51        return ;
52     int ans = 16;
53     for (int i = 0; i < 16; i ++)
54        if (   ⑤   )
55        {
56           int new_state = pop(state, i)
57           solve(new_state);
58           ans = min(ans, dist[new_state]);
59        }
60      dist[state] = ans + 1;
61 }
62
63 int main()
64 {
65     memset(dist, -1, sizeof(dist));
66     int initial_state = 0;
67     for (int i = 0; i < 16; i ++)
68     {
69        int tmp;
70        cin >> tmp;
71        initial_state |= tmp << i;
72     }
73     solve(initial_state);
74     cout << dist[initial_state] << endl;
75     return 0;
76 }
```

**39.** ①处应填（　　）。

A. `1 << pos`

B. `1 << pos - 1`

C. `pos`

D. `pos - 1`

**40.** ②处应填（　　）。

A. `(i + 4) % 4 != 0`

B. `(i + 4) % 4 != 1`

C. `(i + 4) % 4 != 2`

D. `(i + 4) % 4 != 3`

**41.** ③处应填（　　）。

A. `i % 4 != 0`

B. `i % 4 != 1`

C. `i % 4 != 2`

D. `i % 4 != 3`

**42.** ④处应填（　　）。

A. `dist[state]`

B. `~dist[state]`

C. `state == (1 << 16) - 1`

D. `state == 1`

**43.** ⑤处应填（　　）。

A. `state & 1 << i`

B. `state & 1 << i - 1`

C. `state & i`

D. `state & i - 1`

# 信息学奥赛 CSP-S 初赛模拟题（二）

## 提高组 C++语言试题

**注意事项：**

- 本试卷满分 100 分，时间 120 分钟。完成测试后，学生可在“佐助题库”中提交自己的答案进行测评，查看分数和排名。
- 测评方式：登录“佐助题库”，点击“初赛测评”，输入 ID“1048”，密码：123456。
- 未注册“佐助题库”账号的读者，请先根据本书“关于初赛检测系统”的介绍，免费注册账号。

**一、选择题**（共 15 题，每题 2 分，共计 30 分；每题有且仅有一个正确选项）

**1.** 计算机由 5 个部分组成，分别是运算器、控制器、输入设备、输出设备和（　　）。

A. 存储器

B. 内存和硬盘

C. 操作系统

D. 显示器

**2.** 以下关于计算机、程序和整数编码表示，说法错误的是（　　）。

A. 当程序开始运行后，首先会被载入内存，然后会将处理器的取指令指针指向程序开始处

B. 当程序运行后，定义的所有变量都会存储在内存中

C. -x 的补码等于 x 的补码按位取反

D. 0 的原码和反码均有 2 个编码，补码只有 1 个编码

**3.** 与二进制小数 1101.11001 相等的十六进制数是（　　）。

A. 5.C8

B. D.C8

C. 5.13

D. D.13

**4.** 如果用 x(y) 表示 y 进制数 x，则下面所有数据中与其他 3 个不相等的数据是（　　）。

A. 2662(7)

B. 2000(8)

C. 22c(22)

D. 1011221(3)

**5.** 以下哪个数据存储结构不要求内存中可用的存储单元地址连续（　　）。

A. 一维数组

B. 二维数组

C. vector

D. 链表

**6.** 现在有一个空的双端队列，支持前入队、后入队、前出队、后出队，对于下列待进队的数据元素序列“a, b, c, d, e, f”，依次执行后入队、前出队、前入队、后入队、后入队、前入队、后入队、前出队操作后，双端队列中的元素从队首到队尾依次为（　　）。

A. b, c, d, f

B. c, d, e, f

C. b, c, d

D. e, b, c, d

**7.** 对于以下 4 种二叉树信息的信息组合，哪种信息组合不能唯一确定一棵二叉树？（　　）

A. 中序遍历序列和后序遍历序列

B. 前序遍历序列和后序遍历序列

C. 前序遍历序列和中序遍历序列

D. 前序遍历序列、中序遍历序列和后序遍历序列

**8.** 以下说法中错误的是（　　）。

A. 二叉树的叶子结点在前序、中序、后序遍历中次序一致

B. 对于 $n$ 个点的所有二叉搜索树，如果所有二叉搜索树等概率地出现，那么平均树高为 $O(\sqrt{n})$

C. 由 $n$ 个点组成的二叉树，树高不低于 $O(\lfloor \log^2 n \rfloor)$

D. 函数调用栈按出栈序列排列，恰好与树的前遍历序列相同

**9.** 一个包含 $n$ 个顶点 $m$ 条边的图使用邻接矩阵存储，假设并查集算法的合并和查询的时间复杂度均为 $O(\log n)$，则以下最小生成树算法及其最优时间复杂度对应正确的是（　　）。

A. Prim，$O(nm)$

B. Prim，$O(n^2+m)$

C. Kruskal + 并查集，$O(m\log n+n\log m)$

D. Kruskal + 并查集，$O(n\log m)$

**10.** 在以下排序算法中，在最好情况和最坏情况下渐进性能相同的是（　　）。

A. 归并排序

B. 快速排序

C. 插入排序

D. 冒泡排序

**11.** 对于一张有 $n$ 个点 $m$ 条边的连通图，没有负权边，使用带有优先队列优化的 Dijkstra 算法求从一个顶点到其他顶点的最短路径，其时间复杂度为（　　）。

A. $O(n\log n)$

B. $O(nm)$

C. $O(m\log m)$

D. $O(n\log m)$

**12.** 在哈夫曼编码算法中，若每次字符合并时均保证左兄弟结点不小于右兄弟结点，则对所生成编码树按照深度从小到大一层层遍历时，（　　）必然按其频率的非升次序排列。

A. 仅叶结点

B. 仅内部结点

C. 所有结点

D. 以上答案都是错的

**13.** 有向图的 DFS 不仅起点任意，每一步迭代往往有很多个结点可供选择，最后生成的 DFS 森林也并不唯一。对于一个没有自环的有向图，在两个不同的 DFS 森林中，以下哪个选项的数量会发生变化（　　）。

A. 树边

B. 前向边：树上结点指向其祖先结点的边

C. 横叉边：边的两个结点的父亲不满足一个是另一个的祖先

D. 以上都会发生变化

**14.** 由 5 个不同数值的点构成的二叉搜索树共有（　　）种。

A. 42

B. 36

C. 120

D. 30

**15.** 以下所有 IP 地址（IPv4），不合法的是（　　）。

A. 256.0.0.1

B. 208.168.1

C. 123.45.6.7

D. 92.8.01.1

**二、阅读程序**（程序输入不超过数组或字符串定义的范围；对于判断题，正确填√，错误填×；除特殊说明外，判断题每题 1.5 分，选择题每题 3 分，共计 40 分）

（一）

```
01  #include <iostream>
02
03  using namespace std;
04
05  typedef long long ll;
06
07  ll calc(ll a, ll b, ll *x, ll *y)
08  {
09     if (b == 0)
10         return *y = ((*x) = 1) - 1, a;
11     ll ret = a / b;
12     ll ans = calc(b, a - ret * b, x, y);
13    ll t = (*x) - a / b * (*y);
14    *x = *y;
15    *y = t;
16    return ans;
17 }
18
```

```
19 int main()
20 {
21     ll a, b;
22     cin >> a >> b;
23     ll x, y, ans;
24     ll *p = &x, *q = &y;
25     ans = calc(a, b, p, q);
26     cout << ans << " " << x << " " << y << endl;
27     return 0;
28 }
```

假设输入的 a,b 是 100000 以内的正整数，其余所有数字在 long long 范围内，完成下面的判断题和单选题。

● 判断题

**16.** 当输入为“4 10”时，输出为“2 2 -1”（忽略行末空格）。（　　）

**17.** 如果将第 11 行的 ll 修改为 int，程序的行为不变。（　　）

**18.** 如果输入的 a 和 b 一定满足 a = b + 1，则输出的第一个数一定是 1。（　　）

**19.**（2 分）如果输入的 a 和 b 满足存在正整数 $k$ 使 a = 2k, b = 2(k+1)，则输出的第一个数一定是 4。（　　）

● 单选题

**20.** 该算法的时间复杂度为（　　）。

A. $O(a)$

B. $O(a^{1/2})$

C. $O(\log a)$

D. $O(\log\log a)$

**21.** 当输入为“192 608”时，输出为（　　）。

A. 32 -8 3

B. 16 45 2

C. 64 -6 2

D. 32 -3 1

**22.** 当输入为“2300 618”时，输出为（　　）。

A. 2 96 -360

B. 2 -97 361

C. 2 97 -361

D. 2 -96 360

（二）

```
01  #include <iostream>
02
03  using namespace std;
04
05  struct node
```

```
06 {
07     int val, size;
08     node *son[2];
09     node() { }
10     node(int a) : val(a), size(1) { son[0] = son[1] = NULL; }
11 } *head;
12
13 void insert(int a)
14 {
15     if (head == NULL)
16     {
17         head = new node(a);
18         return;
19     }
20     node *o = head;
21     while (true)
22     {
23         int dir = a > o->val ? 1 : 0;
24         o->size += 1;
25         if (o->son[dir] == NULL)
26         {
27             o->son[dir] = new node(a);
28             return;
29         }
30         else
31             o = o->son[dir];
32     }
33 }
34
35 int query(int k)
36 {
37     node *o = head;
38     if (o == NULL)
39         return -1;
40     while (o != NULL)
41     {
42         int ls_size = o->son[0] == NULL ? 0 : o->son[0]->size;
43         if (ls_size + 1 == k)
44             return o->val;
45         if (ls_size >= k)
46             o = o->son[0];
47         else
48         {
49             k -= ls_size + 1;
50             o = o->son[1];
```

```
51            }
52        }
53        return -1;
54 }
55
56 int main()
57 {
58        int n, a;
59        cin >> n;
60        for (int cnt = 1; cnt <= n; cnt++)
61        {
62            cin >> a;
63            insert(a);
64            cout << query((cnt + 1) / 2) << endl;
65        }
66        return 0;
67 }
```

假设输入的 $n$ 为 100 以内正整数，其他所有数字在 int 范围内，完成下面的判断题和单选题。

- 判断题

**23.** 该算法存在漏洞，不能在结构体 node 中定义 node 类型的指针。(　　)

**24.** 该算法存在漏洞，可能在 query 函数中访问到空指针 NULL。(　　)

**25.** 如果该算法（可能经过修正后）可以正常运行，则当输入为“5 89 20 39 6 15”时，输出为“89 20 39 20 20”（忽略行末空格）。(　　)

**26.** 在不考虑 main 函数中对 query 实际调用的情况下，只针对 query 函数，当传入的参数 k 过大时，程序可能发生错误。(　　)

- 单选题

**27.** 如果该算法（可能经过修正后）可以正常运行，该算法在最坏情况下的时间复杂度为(　　)。

A. $O(n)$

B. $O(n\log n)$

C. $O(n^{3/2})$

D. $O(n^2)$

**28.** 如果该算法（可能经过修正后）可以正常运行，则当输入为“10 6 2 7 8 2 5 4 7 9 3”时，输出为（忽略行末空格）。(　　)

A. 6 2 6 6 6 5 5 5 6 5

B. 6 6 6 7 6 6 5 6 6 6

C. 6 2 6 6 6 5 6 6 6 5

D. 6 6 6 7 6 5 5 5 6 6

（三）

```
01 #include <iostream>
```

```
02 #include <cstring>
03 #include <vector>
04
05 using namespace std;
06
07 typedef long long ll;
08
09 ll F[15][2][2][15];
10
11 ll f(vector<int> &num, int len, int zero, int top, int cnt, int
digit)
12 {
13     ll &ans = F[len][zero][top][cnt];
14     if (len == -1)
15         return cnt;
16     if (ans != -1)
17         return ans;
18     ans = 0;
19     for (int c = 0; c < 10; c++)
20     {
21         if (top && num[len] < c)
22             break;
23         ans += f(num,
24                  len - 1,
25                  zero && (c == 0),
26                  top && (c == num[len]),
27                  cnt + ((c == digit && (!zero || digit)) ? 1 : 0),
28                  digit);
29     }
30     return ans;
31 }
32
33 ll calc(ll limit, int digit)
34 {
35     vector<int> num;
36     do
37         num.push_back(limit % 10);
38     while (limit /= 10);
39     memset(F, -1, sizeof(F));
40     ll ans = f(num, num.size() - 1, 1, 1, 0, digit);
41     return ans;
42 }
43
44 int main()
45 {
```

```
46      ll a, b;
47      int digit;
48      cin >> a >> b >> digit;
49      cout << calc(b, digit) - calc(a - 1, digit) << " ";
50      return 0;
51 }
```

假设输入的 a, b 是满足 1 <= a, b <=$10^{12}$ 的正整数，digit 是满足 0 <= digit <= 9 的整数，完成下面的判断题和单选题。

- 判断题

**29.** 当输入为“1 9 0”时，输出为“1”。(　　)

**30.** 将第 11 行的 ll 换成 int，程序的行为不变。(　　)

**31.** (2 分) 不管程序的输入为何 (符合题设要求)，程序的输出总是非负整数。(　　)

**32.** 将第 27 行的 (!zero || digit) 改为 (digit)，程序行为不变。(　　)

- 单选题

**33.** 当输入为“0 991 1”时，输出为 (　　)。

A. 300

B. 189

C. 283

D. 299

**34.** 当输入为“329 592 3”时，输出为 (　　)。

A. 156

B. 149

C. 127

D. 50

**三、完善程序** (单选题，每题 3 分，共计 30 分)

(一) (折半搜索) A、B、C 三个人想要参加 $n$ 场音乐会，第 $i$ 场音乐会 A、B、C 将分别获得 A[i], B[i], C[i] 的愉悦值。但是每场音乐会只有两张票，总有一个人不能参加。3 个人亲如兄弟，不希望朋友不高兴，他们决定，如果没有一种方案使 3 个人的愉悦值相等，就所有音乐会都不参加。

现在他们想要知道，是否存在一种参与音乐会的方案，使 3 个人的愉悦值相等，且愉悦值尽可能高。如果不存在该方案，则输出 -1；如果存在该方案，则输出最大可能的单人愉悦值。

数据满足 $1 \leqslant n \leqslant 25$，所有数据均在 int 范围内。

试补全程序。

```
01  #include <iostream>
02  #include <map>
03  using namespace std;
04
05  typedef long long int;
06
07  int n, mid, A[30], B[30], C[30], sum = -1;
08  map<pair<int, int>, int> M;
```

```
09
10 void dfs1(int now, int a, int b, int c)
11 {
12     if (now > mid)
13     {
14         pair<int, int> diff = ___①___;
15         ___②___;
16         return;
17     }
18     dfs1(now + 1, a + A[now], b + B[now], c);
19     dfs1(now + 1, a + A[now], b, c + C[now]);
20     ___③___;
21 }
22
23 void dfs2(int now, int a, int b, int c)
24 {
25     if (now > n)
26     {
27         pair<int, int> diff = make_pair(b - a, c - b);
28         if (M.count(diff))
29             sum = ___④___;
30         return;
31     }
32     dfs2(now + 1, a + A[now], b + B[now], c);
33     dfs2(now + 1, a + A[now], b, c + C[now]);
34     dfs2(now + 1, a, b + B[now], c + C[now]);
35 }
36
37 int main()
38 {
39     cin >> n;
40     for (int i = 1; i <= n; i++)
41         cin >> A[i] >> B[i] >> C[i];
42     mid = n >> 1;
43     dfs1(1, 0, 0, 0);
44     ___⑤___;
45     if (sum == -1)
46         puts("-1");
47     else
48         cout << sum << endl;
49     return 0;
50 }
```

**35.** ①处应填（　　）。

A. `make_pair(b - a, c - b)`

B. `make_pair(c - b, b - a)`

C. `make_pair(a - b, b - c)`

D. `make_pair(a - c, b - c)`

**36.** ②处应填（　　）。

A. `M[diff] = M.count(diff) ? max(M[diff], b) : b`

B. `M[diff] = a`

C. `M[diff] = max(M[diff], b)`

D. `M[diff] = M.count(diff) ? max(M[diff], a) : a`

**37.** ③处应填（　　）。

A. `dfs1(now + 1, a + A[now], b + B[now], c + C[now])`

B. `dfs1(now + 1, a, b + B[now], c + C[now])`

C. `dfs1(now + 1, a + A[now], b + B[now], c)`

D. `dfs2(now + 1, a, b + B[now], c + C[now])`

**38.** ④处应填（　　）。

A. `max(sum, b + M[diff])`

B. `max(sum, c + M[diff])`

C. `max(sum, max(a, max(b, c)) + M[diff])`

D. `max(sum, a + M[diff])`

**39.** ⑤处应填（　　）。

A. `dfs2(mid + 1, 0, 0, 0)`

B. `dfs1(mid + 1, 0, 0, 0)`

C. `dfs2(mid, 0, 0, 0)`

D. `dfs2(mid - 1, 0, 0, 0)`

（二）（反转未来）假设在 300 年后，人类的世界只剩下了 0 和 1，人的未来也可以用一个由 0 和 1 构成的字符串来表示，称为“未来字符串”，未来字符串的每一个长度大于或等于 2 的子串都是这个人人生的一部分。

将一个人的未来字符串先经过 0 和 1 取反，再将整个字符串翻转，这个操作叫作“反转未来”。

现在有一个人 C，他想知道自己的人生有多少部分经过反转未来后也不会发生变化。换句话说，他想知道在自己的这个长度为 $n$ 的字符串中，有多少个长度大于或等于 2 的子串经过反转未来操作后不变。

C 了解到一种叫作 Manacher 的算法可以帮助他求解未来。现在 C 试图用 Manacher 算法解决它。

```
01 #include <iostream>
02 #include <string>
03
04 using namespace std;
05
06 const int N = 1e6;
07
08 int len[N];
09
10 char rev(char c)
```

```
11 {
12     if (c == '0' || c == '1')
13         return ____①____;
14     else
15         return c;
16 }
17
18 int main()
19 {
20     string tmp, str;
21     cin >> tmp;
22
23     // 插入防溢出字符和分隔字符
24     str = "$#";
25     for (int i = 0, length = tmp.size(); i < length; i++)
26     {
27         str += tmp[i];
28         str += "#";
29     }
30
31     // Manacher
32     unsigned long long ans = 0;
33     int r = 1, mid = 1; // r 是当前能抵达的右边界,mid 是产生这个右边界的
       中心点
34     int length = str.size() - 1;
35     for (int i = 1; i <= length; i += 2)
36     {
37         if (i < r)
38             len[i] = ____②____;
39         else
40             len[i] = ____③____;
41         while (____④____)
42             len[i]++;
43         if (i + len[i] > r)
44         {
45             r = i + len[i] - 1;
46             mid = i;
47         }
48         ans += ____⑤____;
49     }
50     cout << ans << endl;
51     return 0;
52 }
```

**40.** ①处应填（　　）。

A. `((c - '0') + 1) + '0'`

B. `((c - '0') - 1) + '0'`

C. `((c - '0') ^ 1) + '0'`

D. `((c - '0') & 1) + '0'`

**41.** ②处应填（　　）。

A. `min(len[(mid << 1) - i], r - i)`

B. `r - i`

C. `len[(mid << 1) - i]`

D. `max(len[(mid << 1) - i], r - i)`

**42.** ③处应填（　　）。

A. `r - i`

B. `1`

C. `len[(mid << 1) - i]`

D. `0`

**43.** ④处应填（　　）。

A. `i + len[i] < length && str[i - len[i]] == rev(str[i + len[i]])`

B. `i + len[i] <= length && str[i - len[i]] == rev(str[i + len[i]])`

C. `i + len[i] <= length && str[i - len[i] + 1] == rev(str[i + len[i] - 1])`

D. `i + len[i] < length && str[i - len[i] + 1] == rev(str[i + len[i] - 1])`

**44.** ⑤处应填（　　）。

A. `len[i] - i`

B. `(len[i] - 1) << 1`

C. `len[i] - 1`

D. `(len[i] - 1) >> 1`

# 信息学奥赛 CSP-S 初赛模拟题（三）

## 提高组 C++语言试题

**注意事项：**

- 本试卷满分 100 分，时间 120 分钟。完成测试后，学生可在“佐助题库”中提交自己的答案进行测评，查看分数和排名。
- 测评方式：登录“佐助题库”，点击“初赛测评”，输入 ID“1047”，密码：123456。
- 未注册“佐助题库”账号的读者，请先根据本书“关于初赛检测系统”的介绍，免费注册账号。

**一、选择题**（共 15 题，每题 2 分，共计 30 分；每题有且仅有一个正确选项）

**1.** 在Linux 中，下面哪个指令用于剪切文件（　　）。

A. mv

B. cp

C. ls

D. cd

**2.** 现有一个地址为 0～10 的哈希表，采用的哈希函数为键值对 11 取模，冲突策略为向右找到第一个能放入的位置（若已经到 10，则从头开始一个个找）。现在依次放入键值为 35、11、23、43、21、16 的数据，最终各地址的存储情况为（从左向右依次为地址 0～10 的存储情况，0 表示未存储数据，1 表示存储数据）（　　）。

A. 10111100001

B. 11111100000

C. 10011100011

D. 11110100001

**3.** 对于入栈序列 a、b、c、d、e，其可能的出栈序列有多少种？（　　）

A. 30

B. 36

C. 42

D. 45

**4.** 下面有关于数据结构的表述，有误的一项是（　　）。

A. 队列和栈都是线性数据结构，队列采用先进先出的方式，而栈采用先进后出的方式

B. 在 O2 优化的加持下，std::vector 的随机访问和插入删除都是 $O(1)$级别，这也是其运作十分高效的原因

C. 哈夫曼树是一种基于贪心思想的数据结构，用于解决带权路径长度最短问题

D. 二叉堆的插入和删除均是 $O(\log n)$级复杂度，分别基于向上调整和向下调整策略

**5.** 若使用 g++编译器，使用 C++14 标准，保留调试信息并开启 O3 优化，将源代码 temp.cpp 编译为可执行程序 main，则需要使用的编译命令为（　　）。

A. g++ temp.cpp -o main -O3 -debug -std=C++14

B. g++ temp.cpp -o temp -O3 -debug -std=C++14

C. g++ -o main temp.cpp -O3 -g -std=C++14

D. g++ temp.cpp -o temp -O3 -g -std=C++14

**6.** 在标准的 Bellman-Ford 算法中，会进行至多 $n$ 轮松弛，若某一轮结束出现未松弛任何一条边的情况就将结束算法。一张由 $n$ 个点 $m$ 条边构成的有向图，使用 Bellman-Ford 算法计算单源最短路径，在最好的情况下，会进行多少轮松弛（　　）。

A. 0　　　　B. 1

C. 3　　　　D. 2

**7.** 在八位二进制补码中，10110001 表示的数字是十进制下的（　　）。

A. −46　　　　B. −79

C. −47　　　　D. −78

**8.** 后缀表达式“3 8 * 2 4 + / 6 4 3 − * +”对应的计算结果是（　　）。

A. 10　　　　B. 8

C. 6　　　　D. 7

**9.** 数$F7_{16}$和$273_8$的和为（　　）。

A. $110110110_2$　　　　B. $663_8$

C. $434_{10}$　　　　D. $1AA_{16}$

**10.** 方程 $a+b+c=10$ 的正整数解的个数为（　　）。

A. 108　　　　B. 72

C. 36　　　　D. 18

**11.** 在一棵简单树中，度数为 2 的点有 5 个，度数为 3 的点有 4 个，度数为 4 的点有 7 个，没有度数大于 4 的点，则度数为 1 的点有（　　）。

A. 16　　　　B. 20

C. 10　　　　D. 22

**12.** 在以下关于程序运行的说法中，正确的是（　　）。

A. 递归调用层数过多，会导致系统分配的堆空间溢出

B. 在 Linux 环境下对编译得到的可执行程序执行 time 命令时，可能会得到 3 个时间结果

C. 与其他函数不同的是，主函数中的变量创建出来后不会在函数结束时被释放销毁

D. 当调用程序时，系统会先将程序置入硬盘，然后使用内存来运行计算程序

**13.** 在归并排序的过程中需要合并两个有序序列，原本采用的是线性算法。若将其改为，在每次合并时将两个有序序列放在一起后执行 `std::sort`，则整体的排序复杂度将变成（　　）。

A. $O(n\log n)$　　　　B. $O(n^2)$

C. $O(n\log^2 n)$　　　　D. $O(n\log^3 n)$

**14.** 在下列排序方法中，不稳定的排序法是（　　）。

A. 冒泡排序　　　　B. 归并排序

C. 基数排序　　　　　　　　　　　　　　D. 选择排序

**15.** 被誉为“博弈论之父”的计算机科学家是（　　）。

A. 约翰·冯·诺依曼（John von Neumann）

B. 艾伦·麦席森·图灵（Alan Mathison Turing）

C. 罗伯特·塔杨（Robert Tarjan）

D. 克劳德·香农（Claude Shannon）

**二、阅读程序**（程序输入不超过数组或字符串定义的范围，对于判断题，正确填√，错误填×；除特殊说明外，判断题每题 1.5 分，选择题每题 3 分，共计 40 分）

（一）

```
01  #include<iostream>
02
03  using namespace std;
04
05  const int base1 = 26, base2 = 52;
06  const int mod1 = 1e5 + 7, mod2 = 1e7 + 9;
07
08  struct Node
09  {
10     int key;
11     Node *next;
12     Node ()
13     {
14           key = 0;
15           next = NULL;
16     }
17  } table[mod1 + 2], *temp, *newnode;
18
19  bool Query(const string &s)
20  {
21     int sum1 = 0, sum2 = 0;
22     for(int i = 0; i < s.size (    ) ; ++ i)
23     {
24         sum1 = sum1 * base1 + s[i] - 'a';
25         sum2 = sum2 * base2 + s[i] - 'a';
26          sum1 %= mod1, sum2 %= mod2;
27     }
28       if(!table[sum1].key)
29     {
30         table[sum1].key = sum2;
31          return true;
32     }
33     temp = &table[sum1];
34     while(temp->next)
35     {
```

```
36            if(temp->key == sum2)
37                return false;
38            temp = temp->next;
39        }
40        if(temp->key == sum2)
41            return false;
42        newnode = new Node;
43        newnode->key = sum2;
44        temp->next = newnode;
45        return true;
46    }
47
48    int main (    )
49    {
50        int n, sum = 0;
51        string s;
52        cin >> n;
53        for(int i = 1; i <= n; ++i)
54        {
55            cin >> s;
56            if(Query(s))
57                ++sum;
58        }
59        cout << sum;
60        return 0;
61    }
```

假设输入的所有数都是不超过 1000的正整数，所有字符串长度均不超过 100 且均为小写字母字符串，完成下面的判断题和单选题。

- 判断题

**16.** (2分) 当输入为“3 abc abc abc”时，输出为“2”。(　　)

**17.** (2分) 将第 6 行中的 mod1 改为“1e9 + 9”不会导致程序出错。(　　)

**18.** (2分) 代码中采用的是类似于进制数的哈希策略，在该输入规模下，能完全避免哈希冲突。(　　)

- 单选题

**19.** 当输入为“4 a ab ab a”时，输出为(　　)。

A. 1　　B. 2

C. 3　　D. 4

**20.** 当输入为“4 a a fryl fryl”时，输出为(　　)。

A. 1　　B. 2

C. 3　　D. 4

(二)

```
01    #include <iostream>
```

```
02  #include <cstring>
03
04  using namespace std;
05  using LL = long long;
06
07  int main (    )
08  {
09      int a, b, k, n, m;
10      cin >> a >> b >> k >> n >> m;
11      int F[1001][1001];
12      memset(F, 0, sizeof F);
13      F[0][0] = 1;
14      for(int i = 0; i <= n; ++i)
15          for(int j = 0; j <= m; ++j)
16          {
17              if(!i and !j)
18                  continue;
19              if(i > 0)
20                  F[i][j] = ((LL)F[i - 1][j] * a + F[i][j]) %
    10007;
21              if(j > 0)
22                  F[i][j] = ((LL)F[i][j - 1] * b + F[i][j]) %
    10007;
23          }
24      cout << F[n][m] << endl;
25      return 0;
26  }
```

假设输入的所有数都是不超过1000的正整数，完成下面的判断题和单选题。

- 判断题

**21.** 如果去掉第 17 行和第 18 行，程序可能会因下标越界而运行错误。(　　)

**22.** 去掉第 20 行和第 22 行的强制转换为 `long long` 过程后，运行结果不变。(　　)

**23.** (2 分) 当输入的 `a` 和 `b` 均为 `1` 时，`F[i][j]`实际上表示的是组合数，即在 `i` 个物品中选择 `j` 个物品的方案数。(　　)

- 单选题

**24.** 当输入为“1 1 3 1 2”时，输出为 (　　)。

A. 2　　B. 3

C. 4　　D. 6

**25.** (4 分) 当输入为“5 4 5 3 2”时，输出为 (　　)。

A. 9993　　B. 10000

C. 9979　　D. 5000

（三）

```
01  #include <iostream>
```

```
02
03  using namespace std;
04  using LL = long long;
05
06  LL n;
07
08  LL Calc_1(int x)
09  {
10      if (x == 0)
11          return 0;
12      LL ans = 0;
13      for (LL res = x; res <= n; ++ans, res = res * 10 + x);
14      return ans;
15  }
16
17  LL Calc_2(int x, int y)
18  {
19      LL ans = 0;
20      for (int k = 1; k <= 10; ++k)
21      {
22          for (int S = 0; S < (1 << k); ++S)
23          {
24              LL num = 0;
25              if (S == 0 or S == (1 << k) - 1)
26                  continue;
27              if ( (S & 1) and y == 0 )
28                  continue;
29              if ( !(S & 1) and x == 0 )
30                  continue;
31              for (int i = 0; i < k; ++i)
32                  num = num * 10 + (S >> i & 1) * y + !(S >> i
    & 1) * x;
33              if (num <= n)
34                  ++ans;
35          }
36      }
37      return ans;
38  }
39
40  int main (    )
41  {
42      cin >> n;
43
44      LL ans = 0;
45      for (int i = 0; i < 10; ++i)
```

```
46            ans += Calc_1(i);
47        for (int i = 0; i < 10; ++i)
48            for (int j = i + 1; j < 10; ++j)
49                ans += Calc_2(i, j);
50        cout << ans << endl;
51
52        return 0;
53    }
```

假设输入的 n 是不超过 1000000000 的正整数，完成下面的判断题和单选题。

● 判断题

**26.** 当输入的 n 为 5 时，输出为 6。（　　）

**27.**（3 分）将第 20 行的 k 的循环上限改为 15，Calc_2 函数返回值不变。（　　）

**28.** alc_1 函数应当是计算 n 以内所有数位上完全相同的数字的个数。（　　）

● 单选题

**29.** 当输入为“100”时，输出为（　　）。

A. 100　　B. 99

C. 98　　D. 97

**30.** 当输入为“1000”时，输出为（　　）。

A. 463　　B. 352

C. 999　　D. 1000

**31.**（4 分）当输入为“1000000000”时，输出为（　　）。

A. 40744　　B. 31753

C. 40866　　D. 40328

## 三、完善程序（单选题，每小题 3 分，共计 30 分）

（一）（独立染色）问题：现有一张包含 $n$ 个点 $m$ 条边的无向图，初始所有点均为白色。现要给这张图的每个点选择是否染成黑色，要求每条边有且仅有一个端点被染黑。在此基础上，希望染黑的点数尽量少。

试补全程序。

```
01  #include<iostream>
02  #include<cstdlib>
03
04  using namespace std;
05
06  const int maxN = 1e4 + 1;
07
08  int m, n, x, y, cnt[2], ans;
09  bool vis[maxN], col[maxN];
10
11  struct Edge
12  {
13      int to;
```

```
14      Edge* next;
15      Edge (    )
16      {
17          to = 0;
18          next = NULL;
19      }
20  } *temp;
21
22  struct Vernode
23  {
24      Edge *first;
25      Vernode(){first = NULL;}
26  } ver[maxN];
27
28  void Dfs(int u, bool flag)
29  {
30      if(vis[u] and col[u] != flag)
31      {
32          cout << "Impossible";
33          exit(0);
34      }
35      if(____①____)
36          return;
37      vis[u] = true;
38      ++ cnt[____②____];
39      for(Edge* tmp = ver[u].first; tmp; tmp = tmp->next)
40          Dfs(tmp->to, ____③____);
41  }
42
43  void Link(int u, int v)
44  {
45      temp = new Edge;
46      temp->to = v;
47      temp->next = ver[u].first;
48      ver[u].first = temp;
49  }
50
51  int main()
52  {
53      cin >> n >> m;
54      while(m --)
55      {
56          cin >> x >> y;
57          Link(x, y);
58          Link(y, x);
```

```
59      }
60      for(int i = 1; i <= n; ++ i)
61      {
62          if(____④____)
63          {
64              cnt[1] = cnt[0] = 0;
65              Dfs(i, 0);
66              ans += ____⑤____;
67          }
68      }
69      cout << ans << endl;
70      return 0;
71  }
```

**32.** ①处应该填（　　）。

A. vis[u]

B. vis[u] == flag

C. !vis[u]

D. vis[u] != flag

**33.** ②处应该填（　　）。

A. flag

B. col[u]

C. col[u] = flag

D. col[u] = flag ^ 1

**34.** ③处应该填（　　）。

A. flag ^ 1

B. flag ^ col[u]

C. flag

D. flag ^ col[u] ^ 1

**35.** ④处应该填（　　）。

A. vis[i]

B. ver[i].first != NULL

C. !vis[i]

D. ver[i].first == NULL

**36.** ⑤处应该填（　　）。

A. cnt[1] + cnt[0]

B. min(cnt[1], cnt[0])

C. max(cnt[1], cnt[0])

D. cnt[1]

（二）（树上路径询问）给定一棵 $n$ 个结点的树，每个结点有其权值，有 $m$ 次询问，每次询问从 $u$ 号结点到 $v$ 号结点的路径上的所有结点的权值之和。

试补全程序。

```
01  #include <iostream>
02  #include <vector>
03
04  using namespace std;
05  using LL = long long;
06
07  const int N = 22;
08  const int maxN = 1e5 + 5;
09
10  int n, m;
11  int a[maxN], dep[maxN];
12  int f[N][maxN];
13  LL sum[maxN];
14  vector<int> adj[maxN];
15
16  void DFS(int u)
17  {
18      for (int i = 1; i < N; ++i)
19          ____①____;
20      for (int v : adj[u]) if (v != f[0][u])
21      {
22          f[0][v] = u;
23          dep[v] = dep[u] + 1;
24          sum[v] = sum[u] + a[v];
25          DFS(v);
26      }
27  }
28
29  int Jump(int u, int t)
30  {
31      for (int i = 0; i < N; ++i)
32          if (____②____)
33              ____③____;
34      return u;
35  }
36
37  int LCA(int u, int v)
38  {
39      if (dep[u] < dep[v])
40          swap(u, v);
41      u = Jump(u, dep[u] - dep[v]);
42      if (u == v)
43          return u;
44      for (int i = N - 1; i >= 0; --i)
45          if (____④____)
```

```
46                  u = f[i][u], v = f[i][v];
47          return f[0][u];
48      }
49
50      int main()
51      {
52          cin >> n >> m;
53          for (int i = 1; i <= n; ++i)
54              cin >> a[i];
55          for (int i = 1; i < n; ++i)
56          {
57              int u, v;
58              cin >> u >> v;
59              adj[u].push_back(v);
60              adj[v].push_back(u);
61          }
62
63          dep[1] = 1;
64          sum[1] = a[1];
65          DFS(1);
66
67          while (m--)
68          {
69              int u, v, lca;
70              cin >> u >> v;
71              lca = LCA(u, v);
72              cout << ____⑤____ << endl;
73          }
74
75          return 0;
76      }
```

**37.** ①处应该填（　　）。

A. f[i][u] = f[i-1][f[i-1][u]]

B. f[i][u] = f[i - 1][u]

C. f[i][u] = 0

D. f[i][u] = f[i-1][f[0][u]]

**38.** ②处应该填（　　）。

A. t ^ 1 << i

B. t >> i & 1

C. t >> i ^ 1

D. t >> i

**39.** ③处应该填（　　）。

A. u = f[t >> i][u]

B. `u = f[0][u]`

C. `u = f[i][u]`

D. `u = f[i - 1][u]`

**40.** ④处应该填（　　）。

A. `f[0][u] != f[0][v]`

B. `u != v`

C. `f[i][u] != f[i][v]`

D. `f[0][u] == f[0][v]`

**41.** ⑤处应该填（　　）。

A. `sum[u] + sum[v] - sum[lca]`

B. `sum[u] + sum[v] - 2*sum[lca]`

C. `sum[u]+sum[v]-2*sum[lca]+a[lca]`

D. `sum[u]+sum[v]-sum[lca]+a[lca]`

# 信息学奥赛 CSP-S 初赛模拟题（四）

## 提高组 C++语言试题

**注意事项：**

- 本试卷满分 100 分，时间 120 分钟。完成测试后，学生可在“佐助题库”中提交自己的答案进行测评，查看分数和排名。
- 测评方式：登录“佐助题库”，点击“初赛测评”，输入 ID“1046”，密码：123456。
- 未注册“佐助题库”账号的读者，请先根据本书“关于初赛检测系统”的介绍，免费注册账号。

**一、选择题**（共 15 题，每题 2 分，共计 30 分；每题有且仅有一个正确选项）

**1.** 计算机网络分层和协议的集合称为（　　）。

A. 组成结构　　B. 参考模型

C. 体系结构　　D. 基本功能

**2.**（X、Y 的数据位宽均为 16 位，计算结果用十六进制的补码表示）已知$[X]_{补码}$=0x0033，$[Y]_{补码}$ = 0xDE5A，则$[X-Y]_{补码}$ =（　　）。

A. 0xDE8D　　B. 0x21C9　　C. 0xDE7D　　D. 0x21D9

**3.** 下述代码用来统计整数 *n* 的二进制表示中从最高位开始的连续的 0 的个数，则①处应该填写（　　）。

```
int clz64(uint64_t x) {
for (int i = 0; i != 64; ++i)
    if (   ①    )
        return i;
    return 0;
```

A. !(x >> i & 1)　　B. x >> 63 - i & 1

C. x >> i & 1　　D. !(x >> 63 - i & 1)

**4.** 假设有一个双向链表的结点定义如下：

```
struct Node {
    int data;
    Node* prev, next;
};
```

现在有一个指向链表头部的指针 Node* head。如果想要在链表中插入一个新的结点，其成员 data 的值为 42，并使新结点成为链表的第二个结点（即 head 的后继），下列操作正确的是（　　）。

A. Node* newNode = new Node; newNode->data = 42; newNode->next = head->next; newNode->prev = head; head->next = newNode; head->next->prev =

newNode;

B. `Node* newNode = new Node; newNode->data = 42; head->next->prev = newNode; head->next = newNode; newNode->next = head->next; newNode->prev = head;`

C. `Node* newNode = new Node; newNode->data = 42; newNode->prev = head; head->next->prev = newNode; head->next = newNode; newNode->next = head->next;`

D. `Node* newNode = new Node; newNode->data = 42; newNode->next = head->next; newNode->prev = head; head->next->prev = newNode; head->next = newNode;`

**5.** 由 13 个结点构成的简单二分图（无重边）中最多有（　　）条边。

A. 156　　B. 78　　C. 42　　D. 84

**6.** 合唱小组有 9 名同学围成一个圈进行排练。老师想选出至少一名同学领唱，同时希望任意两名领唱同学间至少有两名非领唱同学。那么总共有（　　）种不同的选择领唱同学的方案。

A. 28　　B. 29　　C. 30　　D. 32

**7.** 以下关于对一列数据从小到大进行快速排序的说法错误的是（　　）。

A. 在快速排序的划分过程中，轴点左侧的元素均比轴点右侧的元素小

B. 当每次划分都接近平均，轴点总是接近中央，此时算法复杂度达到下界 $O(n\log n)$

C. 当每次划分都极不均衡时，最坏情况下的时间复杂度达到 $O(n^2)$

D. 采用随机选取轴点的策略可以使最坏情况下的时间复杂度改善到 $O(n\log n)$

**8.** 有如下递归代码：

```
1 int solve (int n, int m)
2 {
3     if (n <= 1 || m <= 1) return 1;
4     if (n < m) swap(n, m);
5     int ans = 0;
6     for (int i = 1; i <= n; i += 2)
7         ans += solve(n / i, m - i);
8     return ans;
9 }
```

则 `solve(10, 10)` 的结果为（　　）。

A. 60　　B. 62　　C. 64　　D. 68

**9.** 由 7 个结点构成无根树，这 7 个结点的度数分别为 1、1、1、2、2、2、3，则构成不同的无根树的数量为（　　）。

A. 30　　B. 48　　C. 60　　D. 72

**10.** 给定一个初始为空的小根堆，执行以下操作：插入 9、插入 3、插入 5、插入 2、删除堆顶、插入 4、删除堆顶、删除堆顶、插入 8、插入 6、删除堆顶、删除堆顶。经过以上操作后，堆顶元素为（　　）。

A. 3　　B. 6　　C. 8　　D. 5

**11.** 三进制数 102.21 所对应的十进制数是（　　）。

A. $\dfrac{107}{9}$　　B. $\dfrac{106}{9}$

C. $\dfrac{105}{9}$　　D. $\dfrac{104}{9}$

**12.** 对右图进行拓扑排序，所有可能的方案数为（　　）。

A. 60　　B. 52

C. 56　　D. 66

**13.** 以下关于计算机运行机制的描述中，不正确的一项是（　　）。

A. 数据通路：存放运行时程序及其所需要的数据的场所

B. 控制单元：CPU 的组成部分，它根据程序指令来指挥数据通路、内存以及输入/输出设备运行，共同完成程序功能

C. 输入设备：信息进入计算机的设备，如键盘、鼠标等

D. 输出设备：将计算结果展示给用户的设备，如显示器、磁盘、打印机等

**14.** 给定地址区间为 0 ~ 9 的哈希表，哈希函数为 $h(x) = x \% 10$，采用双向平方试探的冲突解决策略（若 $x$ 处发生冲突，则依次探查 $x+1, x-1, x+4, x-4, x+9, x-9, x+16, x-16\cdots\cdots$）。哈希表初始为空表，依次存储“71、23、73、99、44、63、51、93、92”后，请问 92 存储在哈希表哪个地址中（　　）。

A. 0　　B. 2　　C. 4　　D. 6

**15.** 胜者树是一种特殊的完全二叉树：其每个叶子结点表示一个选手，记录该选手的数值；每个非叶结点表示一场比赛，记录获胜选手的编号。下图是一个胜者树的示例，规定数值小者胜（$b_0$ 的数值已被隐藏）。当 $b_3$ 选手的数值从 6 变为 11 时，重构的胜者树中有 2 个非叶结点的值发生了变化，且整个比赛的胜者是 $b_1$。由以上信息推断 $b_0$ 的数值为（　　）（假设数值为整数，且所有比赛均未出现平局）。

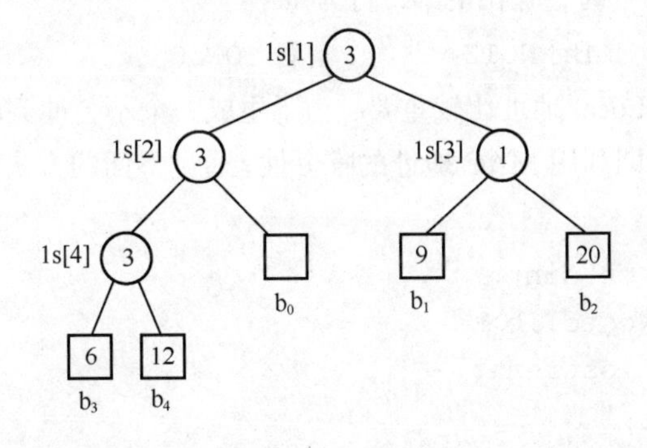


A. 7　　B. 8　　C. 9　　D. 10

**二、阅读程序**（程序输入不超过数组或字符串定义的范围，对于判断题，正确填√，错误填×；除特殊说明外，判断题每题 1.5 分，选择题每题 3 分，共计 40 分）

（一）$n$ 为正整数，字符串 s 的长度为 $n$，保证字符串只含英文字母。完成下面的判断题和单选题。

```
01  #include <iostream>
02  #include <cstdio>
03  #define N 100011
```

```
04 using namespace std;
05
06 char S1[N], S2[N], S[N];
07 int n, hashh[50], lst[N];
08
09 int main ( ) {
10   scanf("%d%s", &n, S);
11
12   for (int i = 0; i < n; ++i) hashh[S[i] - 'A'] = 1;
13   for (int i = 1; i < 50; ++i) hashh[i] += hashh[i - 1];
14   for (int i = 0; i < 26; ++i) lst[hashh[i]] = i;
15   for (int i = 0; i < n; ++i) S1[i] = hashh[S[i] - 'A'] + 'A' - 1;
16   for (int i = 0; i < n; ++i) S2[i] = lst[hashh[S[i] - 'A']] + 'A';
17
18   printf("%s\n%s\n", S1, S2);
19   return 0;
20 }
```

- 判断题

**16.** 输入的字符串应当只由大写字母组成，否则在访问数组时可能越界。(　　)

**17.** 第 13 行的 `i<50` 改为 `i<26` 会导致程序运行出错。(　　)

**18.** 对于任意的 `S`，第二行的输出中一定包含字母 `Z`。(　　)

- 单选题

**19.** 当输入为“3 KFC”时，输出的第一行为 (　　)。

A. KFC　　B. NBA　　C. CBA　　D. ZJE

**20.** 对于任意 `S`，第一行的输出不可能出现的结果是 (　　)。

A. ABCABC　　B. ABCDEFG　　C. CADCD　　D. AABBB

**21.** 当输入为“4 NOIP”时，输出的第二行为 (　　)。

A. NOMZ　　B. NOIZ　　C. OPJQ　　D. NOJZ

(二) 在 IPv6 中，Link Local 地址比较重要，为了生成一个不会冲突的 Link Local 地址，有一种简单的办法 (EUI-64)，即利用 MAC 地址的唯一性，通过下面的方法，转换为 Link Local 的 IPv6 地址。

```
01 #include <cstdint>
02 #include <cstdlib>
03 #include <iostream>
04
05 using namespace std;
06
07 struct in6_addr {
08   union {
09           uint8_t __u6_addr8[16];
10           uint16_t __u6_addr16[8];
11           uint32_t __u6_addr32[4];
12   } __in6_u;
```

```
13    # define s6_addr              __in6_u.__u6_addr8
14    # define s6_addr16            __in6_u.__u6_addr16
15    # define s6_addr32            __in6_u.__u6_addr32
16  };
17
18  in6_addr eui64(uint8_t *mac) {
19     in6_addr res = {0};
20     res.s6_addr[0] = 0xfe;
21     res.s6_addr[1] = 0x80;
22     for (int i = 0; i < 3; i++) {
23            res.s6_addr[i + 8] = mac[i];
24            res.s6_addr[i + 13] = mac[i + 3];
25     }
26     res.s6_addr[11] = 0xff;
27     res.s6_addr[12] = 0xfe;
28     res.s6_addr[8] ^= 0x02;
29     return res;
30  }
31
32  int main  (    )  {
33     cout << sizeof (uint8_t) << endl;
34     cout << sizeof (struct in6_addr) << endl;
35     uint8_t mac_bytes[6] = {0x11, 0x22, 0x33, 0x44, 0x55, 0x66};
36     in6_addr ipv6 = eui64(mac_bytes);
37     for (int i = 0; i < 16; i += 2) {
38            uint16_t w = (ipv6.s6_addr[i] << 8) + ipv6.s6_addr
    [i + 1];
39            cout << int(w) << endl;
40     }
41     return 0;
42  }
```

提示：输出的第一行为 1。完成下面的判断题和单选题。

- 判断题

**22.** 输出的第 2 行为 32。(　　)

**23.** 无论第 35 行中 `mac_bytes` 如何改变，输出的第 4 ~ 6 行总为 0。(　　)

**24.** 无论第 35 行中 `mac_bytes` 如何改变，输出的第 3 行总为 65142。(　　)

- 单选题

**25.** 若将第 35 行中 `mac_bytes` 数组的所有值都修改为 `0x00`，则输出的第 7 行为（　　）。

A. 2　　B. 1024　　C. 128　　D. 512

**26.** 输出的第 8 行为（　　）。

A. 13311　　B. 3366　　C. 65331　　D. 65092

**27.** 输出的最后一行为（　　）。

A. 5566　　B. 21862　　C. 6655　　D. 26197

（三）

```
01  #include <iostream>
02  #include <cstdio>
03  #include <cstring>
04  #include <queue>
05
06  using namespace std;
07
08  const int MAXN = 1e5 + 7;
09
10  int ch[MAXN + 5][26], fail[MAXN + 5], val[MAXN + 5], node_cnt;
11  queue <int> Q;
12
13  inline void insert (char *S) {
14    int len = strlen(S), o = 0;
15     for (int i = 0; i < len; ++i) {
16              int c = S[i] - 'a';
17              if (!ch[o][c])
18                       ch[o][c] = ++node_cnt;
19              o = ch[o][c];
20     }
21     val[o] = len;
22  }
23
24  inline void build (    ) {
25     for (int i = 0; i < 26; ++i) {
26              if (ch[0][i]) {
27                       Q.push(ch[0][i]);
28                       fail[ch[0][i]] = 0;
29              }
30     }
31     while (!Q.empty (    ) ) {
32              int x = Q.front (    ) ; Q.pop (    ) ;
33              for (int i = 0; i < 26; ++i) {
34                       if (ch[x][i]) {
35                                fail[ch[x][i]] = ch[fail[x]][i];
36                                Q.push(ch[x][i]);
37                       } else {
38                                ch[x][i] = ch[fail[x]][i];
39                       }
40              }
41     }
42  }
```

```
43
44 int N, top, loc[MAXN + 5], ans[MAXN + 5];
45 char S[MAXN + 5], P[MAXN + 5];
46
47 int main ( ) {
48     scanf("%s", S);
49     scanf("%d", &N);
50     for (int i = 1; i <= N; ++i) {
51             scanf("%s", P);
52             insert(P);
53     }
54     build ( );
55     int len = strlen(S), o = 0;
56     for (int i = 0; i < len; ++i) {
57             loc[i] = o = ch[o][S[i] - 'a'];
58             ans[++top] = i;
59             if (val[o]) {
60                     top -= val[o];
61                     o = loc[ans[top]];
62             }
63     }
64
65     for (int i = 1; i <= top; ++i) putchar(S[ans[i]]);
66     puts("");
67
68     return 0;
69 }
```

提示：输入的字符串均仅由小写字母构成，小写字母的字符表大小视为常数。完成下面的判断题和单选题。

- 判断题

**28.**（1 分）该代码的时间复杂度为 O(|S|)。（　　）

**29.** 状态 u 的 fail 指向另一个状态 v，满足在 Trie 树上 v 所代表的字符串是 u 所代表字符串的最长前缀。（　　）

**30.** 若输入的 N = 1，且输入的两个字符串长度均为偶数，则输出字符串的长度一定为偶数。（　　）

- 单选题

**31.** 当输入为“abbdccbcbadcabdc \n 3 \n bd \n bc \n ad \n”时，输出结果为（　　）。

A. aca　　B. [空串]　　C. acab　　D. acac

**32.** 当输入为“akioicecream \n 2 \n akioi icecream\n”时，输出结果为（　　）。

A. cecream　　B. [空串]　　C. akio　　D. i

**33.** 若输入的 N = 2，且输入的第一行、第三行、第四行的长度分别为 1000、96、144，则输出的长度不可能为（　　）。

A. 184　　B. 328　　C. 368　　D. 376

**三、完善程序**（单选题，每题 3 分，共计 30 分）

（一）给定一段序列，求有多少个连续子区间满足以下条件：区间异或和的因子数量为偶数（规定 0 的因子数量为奇数）。

```
01  #include <iostream>
02  #include <cstdio>
03
04  using namespace std;
05
06  const int N = 2e5+10, M = 1e6+10;
07
08  int t, n, k;
09  int a[N], s[N];
10  long long ans;
11  int nums[M];
12
13  int main() {
14      scanf("%d", &n);
15      for (int i = 1; i <= n; ++i) {
16          scanf("%d", &a[i]);
17          s[i] = ___①___;
18      }
19
20      nums[0] ++;
21      for (int i = 1; i <= n; ++i) {
22          int cnt = ___②___;
23          for (int j = 0; j <= 650; ++j) {
24              int t = ___③___;
25              if (nums[t])
26                  ___④___;
27          }
28          ___⑤___
29          ans += cnt;
30      }
31      printf("%lld\n", ans);
32      return 0;
33  }
```

**34.** ①处应填（　　）。

A. `a[i]`　　B. `s[i-1] ^ a[i]`

C. `s[i-1] + a[i]`　　D. `s[i-1] - a[i]`

**35.** ②处应填（　　）。

A. `i`　　B. `0`　　C. `1`　　D. `nums[i]`

**36.** ③处应填（　　）。

A. `j * j ^ s[i]`　B. `j * j`　C. `j ^ s[i]`　D. `j * s[i]`

**37.** ④处应填（　　）。

A. `cnt --`　B. `cnt -= nums[t]`

C. `cnt += nums[t]`　D. `cnt ++`

**38.** ⑤处应填（　　）。

A. `nums[i] ^= 1;`　B. `nums[s[i]] ^= 1;`

C. `nums[i]++;`　D. `nums[s[i]]++;`

（二）现有一张包含 $n$ 个点 $m$ 条边的带点权的无向图 G 和一个整数 $k$，需要支持下面两种操作。

1. 加边：在 G 中加入一条新边 $(u,v)$。

2. 查询：求 $u$ 所在连通分量中第 $k$ 大的点的权值，如果 $u$ 所在的连通块中点的数量不足 $k$，则查询结果为 −1。

注：原有的图和加过边的图中都可能有自环和重边。

**输入格式：**

第一行四个整数 $n$、$m$、$k$ 和 $q$。

接下来 1 行是 $n$ 个点的权值 $a_1,a_2,\cdots,a_n$，权值均为整数，保证 $0\leqslant a_i<10^9$。

接下来的 $m$ 行，每行两个整数 $u$ 和 $v$，保证 $1\leqslant u,v\leqslant n$，表示 $u$ 和 $v$ 之间有一条边。

接下来的 $q$ 行，每行表示一个操作，第一个整数是 op 用于标示操作类型，op 只有 1 和 2 两种取值。

如果 op=1，则说明这是一个加边操作，接下来有两个整数 $u$ 和 $v$，保证 $1\leqslant u,v\leqslant n$;

如果 op=2，则说明这是一个查询，接下来有一个整数 $u$，保证 $1\leqslant u\leqslant n$。

**输出格式：**

针对第二种操作（即 op=2 这种情况），每行输出一个整数 $k$ 表示答案。

以下代码采用左偏树+并查集在 $O(n\log n)$的时间内解决该问题，试补全代码。

```
01  #include <iostream>
02  #include <cstdio>
03
04  using namespace std;
05
06  const int MAXN = 1e6;
07
08  int N, M, K, Q;
09  int A[MAXN + 5];
10
11  namespace HEAP // 左偏树
12  {
13  #define ls node[x].ch[0]
14  #define rs node[x].ch[1]
15      struct info
16      {
17          int ch[2], val, dis, size;
```

```
18      } node[MAXN + 5];
19
20      inline void push_up (int x) // 维护信息
21      {
22          if (node[rs].dis > node[ls].dis) // 维护左偏树的性质
23              swap (ls, rs);
24          node[x].dis = node[rs].dis + 1;
25          node[x].size = node[ls].size + node[rs].size + 1;
26      }
27
28      inline int merge (int x, int y) // 合并
29      {
30          if (!x || !y) return x | y; // 如果有一个为空则返回另一个
31          if (node[x].val > node[y].val) // 取 x, y 中较小的为根
32              swap (x, y);
33          ____①____;
34          push_up (x);
35          return x;
36      }
37
38      inline int pop (int x) { return ____②____; }
39
40      inline int maintain (int x) // 保证堆中元素小于或等于K 个
41      {
42          while (node[x].size > K) x = pop(x);
43          return x;
44      }
45
46      inline int query (int x) // 查询
47      {
48          if (____③____) return -1;
49          return node[x].val;
50      }
51
52      inline void init () // 初始化
53      {
54          for (int i = 1; i <= N; ++i)
55          {
56              node[i].size = 1;
57              node[i].val = A[i];
58          }
59      }
60  }
61
62  namespace DSU // 并查集
```

```
63  {
64      int fa[MAXN + 5], top[MAXN + 5]; // top[x] 维护并查集的顶部对
  应到左偏树的堆顶在哪里（正常情况下，top 和 fa 是一样的，但因为这里左偏树要支持删
  除堆顶，所以二者会有差异）
65
66      inline int get_fa (int x)
67      {
68          return fa[x] == x ? x : (fa[x] = ____④____);
69      }
70
71      inline void link (int x, int y) // 在并查集中连接 x 和 y，同时合
  并对应连通块的左偏树
72      {
73          x = get_fa(x), y = get_fa (y);
74          if (x == y) return ;
75          fa[x] = fa[y] = x;
76          top[x] = HEAP :: merge (top[x], top[y]);
77          top[x] = HEAP :: maintain (top[x]);
78      }
79
80      inline int query (int x) // 查询
81      {
82          return HEAP :: query (____⑤____);
83      }
84
85      inline void init () // 初始化
86      {
87          for (int i = 1; i <= N; ++i) fa[i] = top[i] = i;
88      }
89  }
90
91  int main ()
92  {
93
94      scanf("%d%d%d%d", &N, &M, &K, &Q);
95      for (int i = 1; i <= N; ++i) scanf("%d", &A[i]);
96
97      DSU :: init ();
98      HEAP :: init ();
99
100      for (int i = 1; i <= M; ++i)
101      {
102          int x, y;
103          scanf("%d%d", &x, &y);
104          DSU :: link (x, y);
```

```
105      }
106
107      while (Q--)
108      {
109           int op;
110           scanf("%d", &op);
111           if (op == 1)
112           {
113                int x, y;
114                scanf("%d%d", &x, &y);
115                DSU :: link (x, y);
116           }
117           else
118           {
119                int x;
120                scanf("%d", &x);
121                printf("%d\n", DSU :: query (x));
122           }
123      }
124
125      return 0;
126  }
```

**39.** ①处应填（　　）。

A. `ls = merge (ls, y)`

B. `rs = merge (rs, y)`

C. `ls = merge (rs, y)`

D. `rs = merge (ls, y)`

**40.** ②处应填（　　）。

A. `merge (ls, rs)`　　　B. `ls`

C. `rs`　　　D. `node[rs].ch[1]`

**41.** ③处应填（　　）。

A. `node[x].dis < K`　　　B. `node[x].dis <= K`

C. `node[x].size < K`　　　D. `node[x].size <= K`

**42.** ④处应填（　　）。

A. `get_fa(x)`　　　B. `get_fa(fa[x])`

C. `fa[x]`　　　D. `x`

**43.** ⑤处应填（　　）。

A. `get_fa(top[x])`　　　B. `top[x]`

C. `top[fa[x]]`　　　D. `top[get_fa(x)]`

# 信息学奥赛 CSP-S 初赛模拟题（五）

提高组 C++语言试题

注意事项：

- 本试卷满分 100 分，时间 120 分钟。完成测试后，学生可在“佐助题库”里提交自己的答案进行测评，查看分数和排名。
- 测评方式：登录“佐助题库”，点击“初赛测评”，输入 ID“1045”，密码：123456。
- 未注册“佐助题库”账号的读者，请先根据本书“关于初赛检测系统”的介绍，免费注册账号。

**一、选择题**（共 15 题，每题 2 分，共计 30 分；每题有且仅有一个正确选项）

**1.** 在 Linux 系统中查看程序运行时间可以使用的指令是（　　）。

A. timer

B. time

C. runtime

D. runTime

**2.** 在以下设备中，能连接应用不同协议的网络，将收到的数据重新打包以适应目标网络的是（　　）。

A. 交换机

B. 路由器

C. 网关

D. 网桥

**3.** 一棵有 $n$ 个叶子结点的线段树，结点总数是（　　）级别的。

A. $O(n)$

B. $O(\log n)$

C. $O(1)$

D. $O(n^2)$

**4.** 由单词 are、bed、best、crow、crowd、deduct 建立的 Trie 树有（　　）个结点（不包含根结点）。

A. 14

B. 16

C. 19

D. 25

**5.** 在下列说法中，不正确的是（　　）。

A. splay 是重量平衡树

B. 笛卡儿树可以使用单调栈在线性时间内完成构造

C. AVL 树在插入结点后最多做两次旋转

D. 线段树体现了分治思想

**6.** 与向量(3,−1,−4,1)正交的向量是（　　）。

A. (1,1,1,1)

B. (3,5,2,4)

C. (2,6,3,4)

D. (1,5,2,3)

**7.** 在以下 C++表达式中，值与布尔变量 a、b、c 取值无关的是（　　）。

A. !a|!b&a|b&(c|b&c|a&c)

B. c|a&b|!a&!b|(c^a)&(!b^c)

C. !(a&b&!c|!a&c)&(a^b^c)|(a&c)

D. (!a|!b)&(a|b)|(b^c)|(a&!c|!a&c)

**8.** 考虑以下函数，`Pow(5, 21, 23)`的返回值为（　　）。

```
int Pow(int x,int y,int M){
    int res = 1;
    while (y){
        if (y & 1) res = res * x % M;
        y >>= 1;
        x = x * x % M;
    }
    return res;
}
```

A. 14

B. 8

C. 17

D. 5

**9.** 将正四面体的顶点和棱中点视为 10 个不同的点，在其中取出 4 个不共面的点，有（　　）种方案。

A. 141

B. 144

C. 147

D. 150

**10.** 在对字符串（仅包含小写字母）计算哈希函数时，一种常用的算法是将字符串视为二十六进制数，a 相当于 0，而 z 相当于 25，最高位在左侧，最低位在右侧。字符串的哈希值为这个二十六进制数对某素数 *M* 取模的结果。取 *M*=11，在使用上述哈希算法时，下列字符串中会产生哈希冲突的是（　　）。

A. apple 和 bed　　　　B. bed 和 cry

C. apple 和 moon　　　　D. cry 和 moon

**11.** 假设一张无向连通图的点和边数量分别为 $n$ 和 $m$，且 $n$ 与 $m$ 在同一数量级，以下关于生成树的说法中正确的是（　　）。

A. 如果并查集仅仅使用启发式合并优化，Kruscal 算法的复杂度会高于 $O(n\log n)$

B. 存在一棵次小生成树和最小生成树有且仅有一条边不同

C. 这张图的生成树数量为 $2^{m-n+1}$

D. 如果这张图的边数更多，成为一张稠密图，Prim 算法的表现会比 Kruscal 更差

**12.** 有一个下标为 0 至 10 的哈希表，哈希函数是 $h(x)=x^2\bmod 11$。如果发生冲突，则向两边探测，地址增量依次为 1,−1,2,−2,3……默认下标 10 的后一位置是下标 0。现在依次将 0、1、2、3、4、5、6、7、8、9 存储进哈希表中，9 会存储在下标（　　）的位置。

A. 4

B. 5

C. 6

D. 7

**13.** 在下列信息中，在使用倍增算法求树上最近公共祖先时需要的是（　　）。

A. DFS 序

B. 子树大小

C. 深度

D. 重心

**14.** 现有一个由 7 个不同的点组成的环，用 4 种颜色染色，要求相邻的点颜色不同，方案数为（　　）。

A. 2060

B. 1944

C. 2184

D. 2187

**15.** 给一排 10 个格子染黑白两种颜色，要求两个黑色格子不能相邻，则不同的染色方案数为（　　）。

A. 84

B. 89

C. 139

D. 144

**二、阅读程序**（程序输入不超过数组或字符串定义的范围；对于判断题，正确填√，错误填×；除特殊说明外，判断题每题 1.5 分，选择题每题 3 分，共计 40 分）

（一）

```
01	#include <iostream>
02	using namespace std;
03	const int N = 1e5 + 5;
04	bool vis[N];
05	int f[N], p[N];
06	int n, tot;
07	void solve(){
```

```
08          vis[1] = 1;
09          f[1] = 1;
10          for (int i = 2; i <= n; i++){
11              if (!vis[i]){
12                  p[++tot] = i;
13                  f[i] = i - 1;
14              }
15              for (int j = 1; j <= tot && p[j] * i <= n; j++){
16                  vis[i * p[j]] = 1;
17                  if (i % p[j] != 0){
18                      f[i * p[j]] = f[i] * f[p[j]];
19                  } else {
20                      f[i * p[j]] = f[i] * p[j];
21                      break;
22                  }
23              }
24          }
25      }
26      int main(){
27          cin >> n; //保证输入的 n 是正整数
28          solve();
29          cout << f[n] << endl;
30          return 0;
31      }
```

- 判断题

**16.** 该程序的时间复杂度是 $O(n^2)$。(　　)

**17.** $f[n]$不可能大于 $n$。(　　)

**18.** 第 18 行的 f[p[j]]可以改为(p[j]-1)。(　　)

**19.** 第 8 行的 vis[1]=1 可以删去。(　　)

**20.** (2 分)去掉第 21 行的 break，对程序输出结果和效率都不会产生明显的影响。(　　)

- 选择题

**21.** (3.5 分)当输入为 51480 时，程序会输出(　　)。

A. 10840

B. 11520

C. 30260

D. 31780

(二)

```
01    #include <iostream>
02    #include <cstring>
03    using namespace std;
04    const int N = 1e5 + 5;
05    int read(){
06        int x = 0;
```

```
07      char ch = 0;
08      while (ch > '9' || ch < '0')
09          ch = getchar();
10      while (ch <= '9' && ch >= '0'){
11          x = x * 10 + ch - '0';
12          ch = getchar();
13      }
14      return x;
15  }
16  int head[N], cnt;
17  struct edge{
18      int to, next;
19  }a[N];
20  void add(int u, int v){
21      a[++cnt].to = v;
22      a[cnt].next = head[u];
23      head[u] = cnt;
24  }
25  int n, m, flag;
26  int vis[N];
27  void dfs(int x, int c){
28      if (flag) return;
29      if (~vis[x]){
30          if (vis[x] != c)
31              flag = 1;
32          return;
33      }
34      vis[x] = c;
35      for (int i = head[x]; i; i = a[i].next)
36          dfs(a[i].to, c ^ 1);
37  }
38  int main(){
39  // 如无特别说明，默认读入的数字是非负整数
40      n = read();
41      m = read();
42      for (int i = 1; i <= m; i++){
43          int u = read(), v = read();
44          add(u, v), add(v, u);
45      }
46      memset(vis, -1, sizeof(vis));
47      for (int i = 1; i <= n; i++)
48          if (vis[i] == -1)
49              dfs(i, 0);
50      if (flag) cout << "NO" << endl;
51      else cout << "YES" << endl;
```

```
52        return 0;
53    }
```

- 判断题

**22.** 如果输入数据中包含负数，该程序获取的是它的绝对值。(　　)

**23.** 程序的时间复杂度为 $O(n+m)$。(　　)

**24.** add 函数的最后两行可以互换。(　　)

- 选择题

**25.** 当输入下列内容时，程序输出为“YES”的是（　　）。

A.
```
3 3
1 2
2 3
3 1
```

B.
```
4 5
1 2
2 4
4 3
3 1
1 1
```

C.
```
7 6
1 2
3 4
5 2
5 1
2 3
4 5
```

D.
```
6 6
1 2
2 3
2 6
3 5
3 4
4 1
```

**26.**（3.5 分）当输入为 `8 6 1 2 1 3 4 5 4 6 5 6 7 8` 时，程序运行后 vis 数组中下标从 1 至 8 的位置的值依次是（　　）。

A. 0,1,1,0,0,1,0,1

B. 0,1,1,0,1,0,-1,-1

C. 0,1,1,0,0,1,-1,-1

D. 0,1,1,0,1,0,0,1

**27.** 在以下对程序的修改中，会影响输出结果的是（　　）。

A. 第 46 行改为 `memset(vis, 255, sizeof(vis));`

B. 第 11 行改为 `x = x << 3 + x << 1 + ch - '0';`

C. 第 44 行改为 `add(v, u), add(u, v);`

D. 第 36 行改为 `dfs(a[i].to, (c + 1) & 1);`

（三）

```
01    #include <iostream>
02    using namespace std;
03    const int N = 25;
04    const int Mod = 1e9 + 7;
05    int n, m, tot, ans;
06    int p[N];
07    int main(){
08        cin >> n >> m; //n和m为正整数
09        for (int i = 2; i <= n; i++)
10            if (n % i == 0){
11                p[++tot] = i;
12                while (n % i == 0)
13                    n /= i;
14            }
15        for (int s = 1, all = (1 << tot); s < all; s++){
16            int popcnt = 0, num = 1;
17            for (int i = 0; i < tot; i++)
18                if (s & (1 << i)){
19                    ++popcnt;
20                    num *= p[i + 1];
21                }
22            int mx = m / num;
23            int tmp = (1ll * mx * (mx + 1) / 2) % Mod;
24            if (popcnt & 1) ans += 1ll * tmp * num % Mod;
25            else ans += Mod - (1ll * tmp * num % Mod);
26            if (ans >= Mod) ans -= Mod;
27        }
28        cout << ans << endl;
29        return 0;
30    }
```

- 判断题

**28.** 该程序的时间复杂度是 $O(2^n)$。（　　）

**29.** 在第 11 行被存储到 p 数组中的值一定是素数。（　　）

**30.** 程序可能在 `while(n%i==0)` 处陷入死循环。（　　）

- 选择题

**31.** 在下列改动中，一定不会影响输出结果的是（　　）。

A. 将第 25 行改为 `else ans -= (1ll * tmp * num % Mod);`

B. 将第 23 行改为 `int tmp = (1ll * mx * (mx + 1) * ((Mod + 1) >> 1)) % Mod;`

C. 将第 19 行改为 `popcnt ^= 1;`

D. 将第 12 行和第 13 行删去

**32.** 如果输入为“2 10”，该程序的输出是（　　）。

A. 30

B. 36

C. 40

D. 54

**33.**（4 分）如果输入为“30 1000”，该程序的输出是（　　）。

A. 340402

B. 356920

C. 357358

D. 367832

**三、完善程序**（单选题，每题 3 分，共计 30 分）

（一）（最大平均子段）有一长度为 *n* 的数列，求一个长度不小于 *m* 的连续子段，使得其中数字的平均值最大。输出这个最大的平均数（不考虑运算带来的精度问题）。

```
#include <bits/stdc++.h>
using namespace std;
const int N = 1e5 + 5;
const double eps = 1e-4;
int n, m;
double a[N], s[N];
bool check(double x){
    for (int i = 1; i <= n; i++){
        ____①____;
        s[i] = s[i - 1] + a[i];
    }
    double mn = 0;
    for (int i = m; i <= n; i++){
        if (____②____)
            return true;
        ____③____;
    }
    return false;
}
int main(){
    cin >> n >> m;
    double l, r;
    for (int i = 1; i <= n; i++){
        cin >> a[i];
        if (i == 1) l = r = a[1];
        l = min(a[i], l);
        r = max(a[i], r);
```

```
        }
        while (l + eps < r){
            double mid = (l + r) / 2;
            if (check(mid)) ____④____;
            else r = mid;
            for (int i = 1; i <= n; i++)
                ____⑤____;
        }
        cout << l << endl;
        return 0;
    }
```

**34.** ①处应填（　　）。

A. `if (i == 1) s[1] = a[1]`

B. `if (i == 1) s[1] = 0`

C. `a[i] += x`

D. `a[i] -= x`

**35.** ②处应填（　　）。

A. `s[i] <= mn`

B. `s[i] >= mn`

C. `s[i] >= s[i - m]`

D. `s[i] <= s[i - m + 1]`

**36.** ③处应填（　　）。

A. `mn = min(mn, s[i - m + 1])`

B. `mn = min(mn, s[i - m])`

C. `mn = min(mn, s[i])`

D. `mn = min(mn, mn + s[i - m + 1])`

**37.** ④处应填（　　）。

A. `l = mid;`

B. `l = mid + 1;`

C. `r = mid - 1;`

D. `r = mid`

**38.** ⑤处应填（　　）。

A. `s[i] = 0`

B. `a[i] += mid`

C. `a[i] -= mid`

D. `s[i] = a[i]`

（二）（限定最短路问题）有一张包含 $n$ 个点 $m$ 条边的简单带权无向图。现在指定图中不同的两点 $s$ 和 $t$，求从 $s$ 到 $t$，包含恰好 $d$ 条边的最短路径。数据保证这样的路径一定存在，且边权大小使得以下算法在运行时不会溢出。

```
#include <bits/stdc++.h>
using namespace std;
const int N = 105;
struct mat{
    int n;
    int a[N][N];
    mat operator * (const mat &x)const{
        mat res;
        memset(res.a, 0x3f, sizeof(res.a));
        ___①___;
        for (int k = 1; k <= x.n; k++)
            for (int i = 1; i <= x.n; i++)
                for (int j = 1; j <= x.n; j++)
                    res.a[i][j] = min(res.a[i][j], a[i][k] +
x.a[k][j]);
        return res;
    }
};
mat Pow(mat x, int y){
    mat res = x;
    while (y){
        if (y & 1) ___②___;
        x = x * x;
        ___③___;
    }
    return res;
}
int main(){
    mat g;
    int m, s, t, d;
    cin >> ___④___ >> m >> s >> t >> d;
    memset(g.a, 0x3f, sizeof(g.a));
    for (int i = 1; i <= m; i++){
        int u, v, w;
        cin >> u >> v >> w;
        g.a[u][v] = g.a[v][u] = w;
    }
    for (int i = 1; i <= g.n; i++) g.a[i][i] = 0;
    mat ans = ___⑤___;
    cout << ans.a[s][t] << endl;
    return 0;
}
```

**39.** ①处应填（　　）。

A. `memset(res.a, 0, sizeof(res.a))`

B. `for (int i = 1; i <= x.n; i++) res.a[i][i] = 0`

C. `res.n = x.n`

D. `for (int i = 1; i <= x.n; i++) res.a[i][i] = a[i][i]`

**40.** ②处应填（　　）。

A. `res = res * x * x`

B. `res *= x * x`

C. `res = res * x`

D. `res *= x`

**41.** ③处应填（　　）。

A. `y >>= 1`

B. `y ^= 1`

C. `--y`

D. `y = (y - 1) / 2`

**42.** ④处应填（　　）。

A. `g.a[0][0]`

B. `N`

C. `n`

D. `g.n`

**43.** ⑤处应填（　　）。

A. `Pow(g, d)`

B. `Pow(g, d - 1)`

C. `Pow(g, d + 1)`

D. `g`

# 信息学奥赛 CSP-S 初赛模拟题（六）

## 提高组 C++语言试题

**注意事项：**

- 本试卷满分 100 分，时间 120 分钟。完成测试后，学生可在“佐助题库”中提交自己的答案进行测评，查看分数和排名。
- 测评方式：登录“佐助题库”，点击“初赛测评”，输入 ID“1044”，密码：123456。
- 未注册“佐助题库”账号的读者，请先根据本书“关于初赛检测系统”的介绍，免费注册账号。

**一、选择题**（共 15 题，每题 2 分，共计 30 分；每题有且仅有一个正确选项）

**1.** 在 Linux 系统中，命令 cd..的含义是（　　）。

A. 显示当前目录下所有子目录

B. 显示当前目录下的文件和子目录

C. 移动到根目录

D. 移动到上一级目录

**2.** 断电后，RAM 中的数据会（　　）。

A. 全部丢失

B. 不受影响

C. 转移到 CPU 中

D. 转移到 ROM 中

**3.** 基于长度为 $n$ 的序列建立线段树，在线段树上对一个区间进行修改，该区间最多被划分为（　　）个区间。

A. $O(n)$

B. $O(\log n)$

C. $O(1)$

D. $O(n^2)$

**4.** RMQ 问题是指对于一个长度为 $n$ 的序列，回答若干次询问，每次询问给定一个区间，要求答出区间中数据的最大值或最小值。对于此类问题，我们可以将算法的时间复杂度写为 $T(n)-Q(n)$的形式，其中 $T(n)$是预处理的时间复杂度，而 $Q(n)$是回答单次询问的时间复杂度。那么基于线段树和 ST 表的算法的时间复杂度分别为（　　）。

A. $O(n)-O(\log n)$ 和 $O(n\log n)-O(1)$

B. $O(n)-O(1)$ 和 $O(n\log n)-O(1)$

C. $O(n\log n)-O(\log n)$ 和 $O(n)-O(\log n)$

D. $O(n\log n)-O(1)$ 和 $O(n\log n)-O(\log n)$

**5.** 某班的 7 个同学在新年时互送礼物，每人准备的礼物都只有一份，且彼此不同。他们希望最终每个人都能恰好收到一份别人送的礼物。不同的送礼方案有（　　）种。

A. 1688

B. 1764

C. 1854

D. 1930

**6.** 下面关于图论的说法中错误的是（　　）。

A. 可以通过黑白染色判断一张图是否为二分图

B. 对无向图使用 DFS 算法生成 DFS 树，图中不存在横叉边

C. 同时在两个边双连通分量中的边一定是桥边

D. 同时在两个点双连通分量中的点一定是割点

**7.** 下面关于度数的说法错误的是（　　）。

A. 在有向图中，所有点的出度和等于所有点的入度和

B. 在无向图中，所有点的度数和等于边数的两倍

C. 在有向图中，所有点的出度和等于所有点的入度和

D. 如果一张无向图中只有两个点的度数为奇数，则该图有欧拉通路

**8.** 在一张包含 $n$ 个结点的图上求任意两点间恰好经过 $k$ 条边的最短路径（其中 $k$ 远大于 $n$），下列思想和算法的组合中可以最快解决该问题的是（　　）。

A. 倍增思想和 Floyd 算法

B. 贪心思想和 Floyd 算法

C. 分治思想和 Dijkstra 算法

D. 递归思想和 Dijkstra 算法

**9.** 考虑以下代码

```
int calc(int n, int M){
    int res = 1;
    for (int i = 1; i <= n; ++i)
        res = (res * i) % M;
    return res;
}
```

calc(28, 29)的值为（　　）。

A. 1

B. 28

C. 15

D. 9

**10.** 对于一个链表，初始时只有 1 号结点作为链表头，接下来有 50%的概率产生 2 号结点作为 1 号结点的后继，如果 2 号结点产生了，则又有 50%的概率产生 3 号结点作为 2 号结点的后继，如果 3 号结点产生了，则有 50%的概率产生 4 号结点……最终链表的期望长度为（　　）。

A. 1.5

B. 2

C. 4

D. 无限大

**11.** 下列说法正确的是（　　）。

A. 归并排序运用了分治思想

B. 快速排序的复杂度是稳定的

C. 桶排序是不稳定排序

D. 给 $n$ 个数排序，排序算法可能达到的最低复杂度为 $O(n\log n)$

**12.** 对 int 范围内的正整数 $x$，记 $f(x)$为最大的能整除 $x$ 的 2 的幂。以下 C++表达式中值与 $f(x)$相等的是（　　）。

A. `x&(-x)`

B. `x^(x<<1)`

C. `x|(x>>1)`

D. `x^(-x)`

**13.** 在以下算法中，运用了贪心思想的是（　　）。

A. 扩展欧几里得算法

B. Tarjan 算法

C. Kruskal 算法

D. 快速排序算法

**14.** 下列关于矩阵和向量的说法中，正确的是（　　）。

A. 矩阵乘法满足交换律和结合律

B. 矩阵和向量的乘积是一个数

C. 任意两个矩阵都可以相乘

D. 对称矩阵的转置等于自身

**15.** 甲、乙、丙、丁、戊这 5 个同学站成一列，要求甲一定要站在乙的前面（不一定要位置相邻），则不同的站法有（　　）种。

A. 24

B. 60

C. 90

D. 120

**二、阅读程序**（程序输入不超过数组或字符串定义的范围，注意代码中注释部分的说明；对于判断题，正确填√，错误填×；除特殊说明外，判断题每题 1.5 分，选择题每题 3 分，共计 40 分）

（一）

```
01    #include <iostream>
02    using namespace std;
03    int n;
04    int f(int x){
05        int res = x;
06        for (int i = 1; i < x; i++)
07            if (x % i == 0) res -= f(i);
08        return res;
```

```
09    }
10    int main(){
11        cin >> n;
12        cout << f(n) << endl;
13        return 0;
14    }
```

- 判断题

**16.** 当输入为 12 时，该程序的输出值为 4。(　　)

**17.** 计算 f(n) 函数时，递归层数是 $O(n)$级别的。(　　)

**18.** 该程序没有设置递归的边界条件，因此存在使其无限递归的输入。(　　)

**19.** 当输入 12 时，f 函数会被调用 16 次。(　　)

- 选择题

**20.** (3.5 分) 当输入 420 时，f 函数被调用的次数为（　　）。

A. 616

B. 624

C. 648

D. 682

**21.** 当输入 4644 时，程序的输出为（　　）。

A. 1468

B. 1496

C. 1512

D. 1548

(二)

```
01    #include <iostream>
02    using namespace std;
03    const int Mod = 1e9 + 7;
04    int add(int x, int y){
05        return x + y >= Mod ? (x + y - Mod) : (x + y);
06    }
07    struct mat{
08        int a[2][2];
09    };
10    mat calc(mat x, mat y){
11        mat res;
12        res.a[0][0] = add(1ll * x.a[0][0] * y.a[0][0] % Mod, 1ll *
  x.a[0][1] * y.a[1][0] % Mod);
13        res.a[0][1] = add(1ll * x.a[0][0] * y.a[0][1] % Mod, 1ll *
  x.a[0][1] * y.a[1][1] % Mod);
14        res.a[1][0] = add(1ll * x.a[1][0] * y.a[0][0] % Mod, 1ll *
  x.a[1][1] * y.a[1][0] % Mod);
15        res.a[1][1] = add(1ll * x.a[1][0] * y.a[0][1] % Mod, 1ll *
  x.a[1][1] * y.a[1][1] % Mod);
```

```
16      return res;
17  }
18  mat Pow(mat x, int y){
19      mat res;
20      res.a[0][1] = res.a[1][0] = 0;
21      res.a[0][0] = res.a[1][1] = 1;
22      while (y){
23          if (y & 1) res = calc(res, x);
24          x = calc(x, x);
25          y >>= 1;
26      }
27      return res;
28  }
29  int main(){
30      mat x;
31      x.a[0][0] = x.a[1][0] = x.a[0][1] = 1;
32      x.a[1][1] = 0;
33      int n;
34      cin >> n; //如无特殊说明，默认 n 是非负整数
35      mat ans = Pow(x, n);
36      cout << add(ans.a[0][1], ans.a[1][1]) << endl;
37      return 0;
38  }
```

- 判断题

**22.** 对于两个 mat 类型的变量 x 和 y，有 calc(x, y) = calc(y, x)。(　　)

**23.** 如果输入的 n 是负数，程序会陷入死循环。(　　)

**24.** 如果输入的 n 为 5，程序的输出为 8。(　　)

- 选择题

**25.** 在以下的修改中，会对程序输出产生影响的是（　　）。

A. 将第 5 行改为 return (x + y) % Mod;

B. 将第 22 行的 while(y) 改为 while(y > 0)

C. 令 ans=Pow(x, n-1)，输出 add(ans.a[0][0], ans.a[1][0])

D. 将 15 行分支条件中的 i == 1 去掉

**26.** 该程序的时间复杂度是（　　）。

A. $O(\log n)$

B. $O(n)$

C. $O(n\log n)$

D. $O(n^2)$

**27.** 当输入的 $n$ 为 13 时，程序的输出为（　　）。

A. 233　　B. 377

C. 425　　D. 610

（三）

```
01    #include <iostream>
02    #include <string>
03    using namespace std;
04    const int M = 11;
05    const int N = 1005;
06    string s, t;
07    int n, m;
08    int h[N];
09    void solve1(){
10        int cnt = 0;
11        for (int i = 0; i + m - 1 < n; i++){
12            bool flag = 0;
13            for (int j = 0; j < m; j++)
14                if (s[i + j] != t[j]){
15                    flag = 1;
16                    break;
17                }
18            if (!flag) ++cnt;
19        }
20        cout << cnt << ' ';
21    }
22    void solve2(){
23        int cnt = 0, pw = 1, H = 0;
24        for (int i = 1; i <= n; ++i)
25            h[i] = ((26ll * h[i - 1]) + (s[i - 1] - 'a')) % M;
26        for (int i = 0; i < m; ++i){
27            H = ((H * 26) + (t[i] - 'a')) % M;
28            pw = (pw * 26) % M;
29        }
30        for (int i = 0; i + m <= n; i++){
31            int L = (h[i] * pw) % M;
32            int R = h[i + m];
33            if (((R - L) % M + M) % M == H) ++cnt;
34        }
35        cout << cnt << endl;
36    }
37    int main(){
38        cin >> s;
39        cin >> t;
40    //s 和 t 均为长度不超过 1000 的仅包含小写字母的串
41        n = s.size();
42        m = t.size();
43        solve1();
44        solve2();
```

```
45        return 0;
46    }
```

- 判断题

**28.** 输出的两个数一定相等。（　　）

**29.** 当 $t$ 的长度大于 $s$ 的长度时，输出的两个数都为 0。（　　）

**30.** 如果 $M$ 是更大的素数，如 1000000007，则输出的两行更有可能相等。（　　）

- 选择题

**31.** 假设 $n$ 和 $m$ 为同一数量级，`solve1` 和 `solve2` 的时间复杂度分别是（　　）。

A. $O(n\log n)$和 $O(n)$

B. $O(n)$和 $O(n^2)$

C. $O(n^2)$和 $O(n)$

D. $O(n\log n)$和 $O(n^2)$

**32.** 下列说法中不正确的是（　　）。

A. 第 28 行可以改为 `pw=(pw<<2)%M;`

B. 在程序输出的两个数中，第一个数不可能大于第二个数

C. 如果 `h[0]`的值不等于 0，那么 `h` 数组的值会出现错误，从而导致后续计算 `cnt` 时出现错误

D. 将第 16 行的 `break` 删除之后不会对程序输出产生影响

**33.**（3.5 分）当输入的 `s` 为 `ebcuebyj`，`t` 为 `eb` 时，程序的输出为（　　）。

A. 2 4

B. 2 5

C. 2 6

D. 1 5

**三、完善程序**（单选题，每小题 3 分，共计 30 分）

（一）（次小生成树）现有一张包含 $n$ 个点 $m$ 条边的带权无向图（$m>n$，且 $n$ 和 $m$ 为同一数量级），将它的全体生成树按照边权之和排序，边权和最小的是最小生成树，边权和第二小的就是次小生成树。以下是一个时间复杂度为 $O(n\log n)$的算法，可以求出次小生成树和最小生成树的边权和之差。

```
#include <bits/stdc++.h>
using namespace std;
const int N = 1e5 + 5;
const int K = 25;

struct edge{
    int u, v, w;
    bool operator < (const edge &x)const{
        return w < x.w;
    }
}e[N];
int p[N];
```

```
struct tree_edge{
    int to, next, w;
}a[N];
int cnt, head[N];
void add(int u, int v, int w){
    a[++cnt].to = v;
    a[cnt].next = head[u];
    a[cnt].w = w;
    head[u] = cnt;
}

int f[N];
int find(int x){
    if (f[x] == x) return x;
    return ___①___;
}

int dep[N], fa[N][K], mx[N][K];
void dfs(int x){
    dep[x] = dep[fa[x][0]] + 1;
    for (int i = head[x]; i; i = a[i].next){
        int y = a[i].to;
        if (y == fa[x][0]) continue;
        fa[y][0] = x;
        mx[y][0] = a[i].w;
        for (int j = 0; fa[y][j]; j++){
            int z = fa[y][j];
            ___②___;
            mx[y][j + 1] = max(mx[y][j], mx[z][j]);
        }
        dfs(y);
    }
}

int find_max(int u, int v){
    int res = 0;
    if (dep[u] < dep[v])
        swap(u, v);
    for (int k = 20; ___③___; --k){
        res = max(res, mx[u][k]);
        u = fa[u][k];
    }
    if (u == v) return res;
    for (int k = 20; fa[u][k] != fa[v][k]; --k){
        res = max(res, mx[u][k]);
```

```
            res = max(res, mx[v][k]);
            u = fa[u][k];
            v = fa[v][k];
        }
        res = max(res, mx[u][0]);
        res = max(res, mx[v][0]);
        return res;
    }

    int n, m, ans = -1;
    int main(){
        cin >> n >> m;
        for (int i = 1; i <= m; i++)
            cin >> e[i].u >> e[i].v >> e[i].w;
        sort(e + 1, e + m + 1);
        for (int i = 1; i <= n; i++)
            f[i] = i;
        for (int i = 1; i <= m; i++){
            int fu = find(e[i].u);
            int fv = find(e[i].v);
            if (fu != fv){
                f[fu] = fv;
                ____④____;
                add(e[i].u, e[i].v, e[i].w);
                add(e[i].v, e[i].u, e[i].w);
            }
        }
        dfs(1);
        for (int i = 1; i <= m; i++)
            if (____⑤____){
                int tmp = find_max(e[i].u, e[i].v);
                if (ans == -1) ans = e[i].w - tmp;
                ans = min(e[i].w - tmp, ans);
            }
        cout << ans << endl;
        return 0;
    }
```

**34.** ①处应填（　　）。

A. find(f[x])

B. f[x] = find(f[x])

C. f[x]

D. f[x] = find(x)

**35.** ②处应填（　　）。

A. fa[y][j + 1] = fa[z][j]

B. `fa[y][j] = fa[z][j - 1]`

C. `fa[y][j + 1] = fa[z][0]`

D. `fa[y][j] = fa[z][0]`

**36.** ③处应填（　　）。

A. `dep[fa[u][k]] <= dep[v]`

B. `dep[fa[u][k]] < dep[v]`

C. `dep[fa[u][k]] >= dep[v]`

D. `dep[fa[u][k]] > dep[v]`

**37.** ④处应填（　　）。

A. `e[i].w = -1`

B. `p[i] = 1`

C. `f[fv] = fu`

D. `fa[fu][0] = fv`

**38.** ⑤处应填（　　）。

A. `e[i].w != -1`

B. `find(e[i].u) == find(e[i].v)`

C. `find(e[i].u) != find(e[i].v)`

D. `!p[i]`

（二）（最大公约数问题）独立地回答 $q$ 次询问，每次询问包含两个数（$x$ 和 $y$），需要回答 $x$ 和 $y$ 的最大公约数。保证 $x$ 和 $y$ 是 1 ~ 1000000 的整数。由于 $q$ 可能很大，需要使用效率更高的算法。

```
#include <iostream>
#include <cstring>
using namespace std;
const int N = 1e6;
const int M = 1000;
int q, tot;
int p[N + 5], vis[N + 5];
int c[N + 5][3];
int g[M + 5][M + 5];
void init(){
    c[1][0] = c[1][1] = c[1][2] = 1;
    for (int i = 0; i <= M; i++)
        g[i][0] = g[0][i] = i;
    for (int i = 1; i <= M; i++)
        for (int j = 1; j <= M; j++)
            g[i][j] = ____①____;
    for (int i = 2; i <= N; i++){
        if (!vis[i]){
            ____②____;
            c[i][0] = c[i][1] = 1;
            c[i][2] = i;
```

```
        }
        for (int j = 1; j <= tot && p[j] * i <= N; j++){
            int d = p[j] * i;
            ___③___;
            c[d][0] = c[i][0];
            c[d][1] = c[i][1];
            c[d][2] = c[i][2];
            if (c[d][0] * p[j] <= M) c[d][0] *= p[j];
            else if (c[d][1] * p[j] <= M) c[d][1] *= p[j];
            else c[d][2] *= p[j];
            ___④___;
        }
    }
}
int gcd(int x, int y){
    int res = 1;
    for (int i = 0; i < 3; i++){
        int d = 1;
        if (c[x][i] <= M) d = g[c[x][i]][y % c[x][i]];
        else d = y % c[x][i] ? 1 : c[x][i];
        ___⑤___;
        y /= d;
    }
    return res;
}
int main(){
    init();
    cin >> q;
    while (q--){
        int u, v;
        cin >> u >> v;
        cout << gcd(u, v) << endl;
    }
    return 0;
}
```

**39.** ①处应填（　　）。

A. `g[j % i][i]`

B. `g[i][j % i]`

C. `g[j][i % j]`

D. `g[i][i % j]`

**40.** ②处应填（　　）。

A. `p[tot++] = i`

B. `p[++tot] = i`

C. `vis[i] = 1`

D. `vis[i] = -1`

**41.** ③处应填（　　）。

A. `p[tot++] = d`

B. `p[++tot] = d`

C. `vis[i] = 1`

D. `vis[d] = 1`

**42.** ④处应填（　　）。

A. `if (i & p[j]) break`

B. `if (p[j] >= i) break`

C. `if (i % p[j] == 0) break`

D. `if (i % p[j]) break`

**43.** ⑤处应填（　　）。

A. `res ^= d`

B. `res *= d`

C. `res += d`

D. `res += d * c[y][i]`

# 信息学奥赛 CSP-S 初赛模拟题（七）

## 提高组 C++语言试题

**注意事项：**

- 本试卷满分 100 分，时间 120 分钟。完成测试后，学生可在“佐助题库”中提交自己的答案进行测评，查看分数和排名。
- 测评方式：登录“佐助题库”，点击“初赛测评”，输入 ID“1043”，密码：123456。
- 未注册“佐助题库”账号的读者，请先根据本书“关于初赛检测系统”的介绍，免费注册账号。

**一、选择题**（共 15 题，每题 2 分，共计 30 分；每题有且仅有一个正确选项）

**1.** 请选出以下最小的数（　　）。

A. $(101010)_2$

B. $(3F)_{16}$

C. 50

D. $(123)_8$

**2.** 计算机网络的主要功能是（　　）。

A. 提供网页浏览服务

B. 实现不同计算机系统之间的数据通信

C. 保护计算机免受病毒攻击

D. 提高 CPU 的处理速度

**3.** 有一段 3 分钟的音频文件，它的采样率是每秒 44.1kHz（即 44100 次/秒），每个采样是一个 16 位的立体声（双声道）音频样本。请问要存储这段原始无压缩音频，需要多大的存储空间？（　　）

A. 15MB

B. 30MB

C. 158MB

D. 316MB

**4.** 给定一空队列 Q，对下列待入队的数据元素序列“1、2、3、4、5、6”依次进行：入队、入队、出队、入队、入队、出队的操作，则此操作完成后，队首元素为（　　）。

A. 2

B. 3

C. 4

D. 5

**5.** 将“2,7,18,13”分别存储到某个地址区间为 0 ~ 10 的哈希表中，如果哈希函数 $h(x)$=(　　)，将不会产生冲突，其中 a mod b 表示 $a$ 除以的余数。

A. $x^2 \bmod 11$

B. $2x \bmod 11$

C. $x \bmod 11$

D. $x/2 \bmod 11$

**6.** 下列哪些问题不能用贪心法精确求解？（　　）

A. 最大子序和问题

B. 单源最短路径问题

C. 最小生成树问题

D. 分数背包问题

**7.** 具有 $n$ 个顶点和 $e$ 条边的图采用邻接矩阵存储结构，进行广度优先遍历运算的时间复杂度为（　　）。

A. $O(n+e)$

B. $O(n^2)$

C. $O(e^2)$

D. $O(e)$

**8.** 二分图是指能将顶点划分成两个部分，每一部分内的顶点间没有边相连的简单无向图。那么 16 个顶点的二分图至多有（　　）条边。

A. 64

B. 128

C. 32

D. 80

**9.** 为了实现稳定的 $O(m\log n)$ 复杂度的优化 Dijkstra 算法，一定需要用到的数据结构是（　　）。

A. 栈

B. 二叉树

C. 堆

D. 哈希表

**10.** 一个组织在计划活动时，如果每组 4 人则多一人，每组 6 人则多 5 人，每组 9 人则多 8 人，求这个组织的人数 $n$ 在以下哪个区间？已知 $45<n<85$。（　　）

A. $55<n<65$

B. $65<n<75$

C. $75<n<85$

D. $45<n<55$

**11.** 小华决定通过跑步来提高体能，如果第一圈消耗 15 卡路里，第二圈消耗 30 卡路里，第三圈消耗 45 卡路里，以此类推，第 $m$ 圈消耗 $15m$ 卡路里（$m>1$）。如果小华想通过连续跑步消耗 1600 卡路里，至少要跑（　　）圈。

A. 14

B. 16

C. 15

D. 13

**12.** 表达式 p−(q+r)*s 的后缀表达形式为（　　）。

A. pqrs+−

B. pq+r−s

C. pqr+s*−

D. pq+rs*−

**13.** 从一个 5×5 的棋盘中选取任意两个既不在同一行也不在同一列上的 3 个方格，共有（　　）种方法。

A. 300

B. 400

C. 600

D. 800

**14.** 对于一张包含 $n$ 个顶点、$m$ 条边的带权有向简单图，使用 Bellman-Ford 算法计算单源最短路时，其时间复杂度为（　　）。

A. $O(mn)$

B. $O(n^2)$

C. $O(n^3)$

D. $O((n+m)\log n)$

**15.**（　　）提出了一种抽象的计算模型，对算法和计算的形式化起到了关键作用，为现代计算机的出现奠定了基础。

A. 欧拉

B. 冯·诺依曼

C. 克劳德·香农

D. 图灵

**二、阅读程序**（程序输入不超过数组或字符串定义的范围；对于判断题，正确填√，错误填×；除特殊说明外，判断题每题 1.5 分，选择题每题 3 分，共计 40 分）

（一）

```
01  #include <iostream>
02  using namespace std;
03
04  int k;
05  int a[10000];
06
07  int main() {
08    cin >> k;
09    for (int i = 0; i < k; ++i)
10      cin >> a[i];
11    int maxDiff = 0;
12    for (int i = 0; i < k; ++i)
13      for (int j = i + 1; j < k; ++j)
14        if (a[j] % a[i] == 0)
```

```
15              maxDiff = max(maxDiff, a[j] - a[i]);
16      cout << maxDiff;
17      return 0;
18  }
```

假设输入的 k 和 a[i]都是不超过 10000 的正整数，完成下面的判断题和单选题。

- 判断题

**16.**（1 分）k 必须小于 10000，否则程序可能会发生运行错误。(　　)

**17.** 输出一定大于或等于 0。(　　)

**18.** 若将第 13 行的 j=i+1 改为 j=0，程序输出可能会改变。(　　)

**19.** 将第 14 行的 a[j] % a[i] == 0 改为 a[i] % a[j] == 0，程序输出可能会改变。(　　)

- 单选题

**20.** 若输入的 k 为 200，且输出为 450，考虑到 a[i]中的值是互不相同的正整数，那么以下哪组 a[i]中的数字可能导致此输出？（　　）

A. 450，900

B. 60，510

C. 900，1350

D. 100，550

**21.** 若输出的数大于 0，则下面说法正确的是（　　）。

A. 输入序列中至少包含一个素数和一个该素数的倍数

B. 若 maxDiff 为偶数，说明输入序列至少包含两个偶数

C. 若 maxDiff 为奇数，那么差值最大的两个数必定都是奇数

D. 输入序列中至少包含两个数，它们相互之间有倍数关系

（二）

```
#include <iostream>
#include <vector>
#include <algorithm>
using namespace std;

vector<int> v;
int n;

void customSort(int left, int right) {
    if (left >= right) return;
    int pivot = v[(left + right) / 2];
    int i = left, j = right;
    while (i <= j) {
        while (v[i] < pivot) i++;
        while (v[j] > pivot) j--;
        if (i <= j) {
            swap(v[i], v[j]);
            i++;
```

```
            j--;
        }
    }
    customSort(left, j);
    customSort(i, right);
}

int main() {
    cin >> n;
    v.resize(n);
    for (int i = 0; i < n; i++) {
        cin >> v[i];
    }
    customSort(0, n - 1);
    for (auto& item : v) {
        cout << item << " ";
    }
    return 0;
}
```

假设输入的 n 和 v[i] 都是不超过 10000 的正整数，完成下面的判断题和单选题。

- 判断题

**22.** 下一层的 pivot 取值大小和进入哪个递归分支有关。（　　）

**23.** 如果在 customSort 函数的第一行添加 if (v[left] < v[right]) return;，程序不会发生逻辑错误。（　　）

- 单选题

**24.** 当输入的 v[i] 是严格单调递增序列时，swap 操作在 customSort 中的平均执行次数是（　　）。

A. $O(n\log n)$

B. $O(n)$

C. $O(\log n)$

D. $O(1)$

**25.** 当输入的 v[i] 是严格单调递减序列时，customSort 函数的时间复杂度是（　　）。

A. $O(n^2)$

B. $O(n)$

C. $O(n\log n)$

D. $O(\log n)$

**26.** 如果将 pivot 选择为数组区间的元素，在最坏情况下，此程序的时间复杂度是（　　）。

A. $O(n)$

B. $O(\log n)$

C. $O(n\log n)$

D. $O(n^2)$

**27.** 当输入的 v[i]是随机序列时，此程序的期望时间复杂度是（　　）。

A. $O(n)$

B. $O(\log n)$

C. $O(n\log n)$

D. $O(n^2)$

（三）

```
#include <iostream>
#include <vector>
#include <queue>
using namespace std;

const int N = 200;
const int INF = 1e9;
int edges[N][N], dist[N];
bool visited[N], condPath[N][N];
int nodes, edgesCount, condCount;

void init() {
    for (int i = 0; i < N; i++) {
        dist[i] = INF;
        visited[i] = false;
        for (int j = 0; j < N; j++) {
            edges[i][j] = INF;
            condPath[i][j] = false;
        }
    }
}

void dijkstra(int start) {
    priority_queue<pair<int, int>, vector<pair<int, int>>,
greater<>> pq;
    pq.push({0, start});
    dist[start] = 0;

    while (!pq.empty()) {
        int u = pq.top().second;
        pq.pop();
        if (visited[u]) continue;
        visited[u] = true;

        for (int v = 0; v < nodes; v++) {
            if (edges[u][v] != INF && condPath[u][v] && dist[u]
+ edges[u][v] < dist[v]) {
                dist[v] = dist[u] + edges[u][v];
```

```
                    pq.push({dist[v], v});
                }
            }
        }
    }

    int main() {
        cin >> nodes >> edgesCount >> condCount;
        init();
        for (int i = 0; i < edgesCount; i++) {
            int u, v, w;
            cin >> u >> v >> w;
            edges[u][v] = w;
        }
        for (int i = 0; i < condCount; i++) {
        int u, v;
        cin >> u >> v;
            condPath[u][v] = true;
        }

        int start, end;
        cin >> start >> end;
        dijkstra(start);
        cout << (dist[end] != INF ? dist[end] : -1);
        return 0;
    }
```

- 判断题

**28.** 如果 condCount=0 且 start!=end，程序的输出等同于传统的 Dijkstra 算法找到的最短路径。（　　）

**29.** 如果 condPath 构成了 nodes 个点的完全图，那么图中从 start 到 end 的最短路径不会受到 condPath 的影响。（　　）

**30.** 程序不能正确处理所有边权重都为负数的图。（　　）

- 选择题

**31.** 如果一个图是包含 $n$ 个点的完全图，即有 $n\times(n-1)$条不重复的边权为 1 的有向边，condCount=$n-1$ 分别对应(1,2),(2,3),⋯,($n-1$,$n$),start=1,end=$n$，那么程序的输出是（　　）。

A. 1

B. −1

C. $n$

D. $n-1$

**32.** 边权为正的情况下想要保证程序输出一定不为 0，edges 和 cond 至少需要（　　）条重复的边。注：这里的重复是指边权和方向相同。

A. $n-1$

B. $2n$

C. $n^2-2n$

D. $(n-1)^2$

**33.** 给定 nodes 和 edgesCount，使用（　　）算法可以在最短时间内算出最小的 condCount，使输出大于 0 且小于给定的 Max，假设答案一定存在且 1<Max<1e9。

A. 枚举

B. 二分

C. 动态规划

D. 贪心

**三、完善程序**（单选题，每小题 3 分，共计 30 分）

（一）（城市发展计划）某地正在规划其城市的发展计划，有 $n$ 个城市排成一线，编号从 1 到 $n$。每个城市发展的潜在收益用一个整数数组 profit[i]表示，数组的长度为 $n$。由于资源分配的策略限制，任意两个选定的城市之间至少需要有 $k$ 个其他城市。

政府的目标是最大化通过城市发展计划获得的潜在收益。请编写程序帮助政府确定可以实现的最大潜在收益。

输入的数据范围为：$1 \leqslant n \leqslant 1000$，$1 \leqslant k < n$，$-10^4 \leqslant \text{profit[i]} \leqslant 10^4$。

示例：假设有 5 个城市，$k$=1，城市的潜在收益分别为[3, 2, 5, 4, 6]。最大潜在收益的方案是选择第 1 个、第 3 个和第 5 个城市进行发展，所以最大潜在收益是 3 + 5 + 6 = 14。因此，程序应该输出 14。

```
#include <iostream>
#include <vector>
#include <algorithm>

using namespace std;

const int MAXN = 1005;
int n, k, profit[MAXN];
vector<int> dp(MAXN, 0);

int main() {
    cin >> n >> k;
    for (int i = 1; i <= n; ++i) {
        cin >> profit[i];
    }

    for (int i = 1; i <= n; ++i) {
        dp[i] = ____①____;
        for (int j = 1; j <= ____②____; ++j) {
            dp[i] = max(dp[i], ____③____);
        }
    }
```

```
    int maxProfit = 0;
    for (int i = 1; i <= n; ++i) {
        ___④___;
    }

    cout << ___⑤___ << endl;
    return 0;
}
```

**34.** ①处应填（　　）

A. 0

B. -1

C. profit[i]

D. profit[0]

**35.** ②处应填（　　）

A. i - k

B. i - k - 1

C. max(1, i - k)

D. i - k + 1

**36.** ③处应填（　　）

A. dp[j] + profit[j]

B. dp[j] + profit[i]

C. dp[j]

D. profit[i]

**37.** ④处应填（　　）

A. maxProfit = max(maxProfit, dp[i])

B. maxProfit = min(maxProfit, dp[i])

C. maxProfit += dp[i]

D. maxProfit = dp[i]

**38.** ⑤处应填（　　）

A. dp

B. dp[n]

C. dp[1]

D. maxProfit

（二）（蛋糕涂层）小李的生日到了，他的朋友们正在计划给他准备一个盛大的蛋糕派对，其中有 $n$ 个蛋糕，编号为 1 到 $n$。小李的 $m$ 个朋友都会来参与蛋糕的制作。为了保证涂层的连续性，每个朋友都会选择编号在[1, $r$]区间内的蛋糕，并给这些蛋糕加上一层特有的涂层。小李听说了朋友们的计划，很关心蛋糕制作的进展，因此小李会询问你当前的蛋糕状态，即某个蛋糕的涂层高度是多少。注意，$n,m \leqslant 10^5$；$1 \leqslant l$；$r \leqslant n$。

```
#include <iostream>
```

```
#include <vector>
using namespace std;

const int N = 1e5 + 5;
long long tree[4*N], lazy[4*N];

void updateRange(int node, int start, int end, int l, int r,
long long val) {
    if (lazy[node] != 0) {
        tree[node] += (end - start + 1) * lazy[node];
        if (start != end) {
            ___①___;
            ___②___;
        }
        lazy[node] = 0;
    }
    if (start > end || start > r || end < l)
        return;
    if (start >= l && end <= r) {
        ___③___;
        if (start != end) { // 不是叶子结点
            lazy[node*2] += val;
            lazy[node*2+1] += val;
        }
        return;
    }
    int mid = (start + end) / 2;
    updateRange(node*2, start, mid, l, r, val);
    updateRange(node*2+1, mid+1, end, l, r, val);
    ___④___;
}

long long query(int node, int start, int end, int idx) {
    if (start == end)
        ___⑤___;
    int mid = (start + end) / 2;
    if (lazy[node] != 0) {
        tree[node] += (end - start + 1) * lazy[node];
        if (start != end) {
            lazy[node*2] += lazy[node];
            lazy[node*2+1] += lazy[node];
        }
        lazy[node] = 0;
    }
    if (idx <= mid)
```

```
            return query(node*2, start, mid, idx);
        else
            return query(node*2+1, mid+1, end, idx);
    }

    int main() {
        int n, m;
        cin >> n >> m;
        for (int i = 0; i < m; ++i) {
            int type, l, r;
            long long val;
            cin >> type;
            if (type == 1) {
                cin >> l >> r >> val;
                updateRange(1, 0, n-1, l-1, r-1, val);
            } else if (type == 2) {
                cin >> l;
                cout << query(1, 0, n-1, l-1) << endl;
            }
        }
        return 0;
    }
```

**39.** ①处应填（　　）

A. `lazy[node] += val`

B. `lazy[node*2] += val`

C. `tree[node*2] += val`

D. `lazy[node*2] += lazy[node]`

**40.** ②处应填（　　）

A. `lazy[node*2+1] += lazy[node]`

B. `tree[node*2+1] += val`

C. `lazy[node] += val`

D. `tree[node] += val`

**41.** ③处应填（　　）

A. `tree[node] += val`

B. `tree[node] = (end - start + 1) * val`

C. `tree[node] += (end - start + 1) * val`

D. `lazy[node] += val`

**42.** ④处应填（　　）

A. `tree[node] = max(tree[node*2], tree[node*2+1])`

B. `tree[node] = tree[node*2] + tree[node*2+1]`

C. `tree[node] += tree[node*2] + tree[node*2+1]`

D. `tree[node] = min(tree[node*2], tree[node*2+1])`

**43.** ⑤处应填（　　）

A. `return lazy[node]`

B. `return tree[node]`

C. `return tree[node] + lazy[node]`

D. `return tree[node*2] + tree[node*2+1]`

# 信息学奥赛 CSP-S 初赛模拟题（八）

## 提高组 C++语言试题

**注意事项：**

- 本试卷满分 100 分，时间 120 分钟。完成测试后，学生可在“佐助题库”中提交自己的答案进行测评，查看分数和排名。
- 测评方式：登录“佐助题库”，点击“初赛测评“，输入 ID“1042”，密码：123456。
- 未注册“佐助题库”账号的读者，请先根据本书“关于初赛检测系统”的介绍，免费注册账号。

**一、选择题**（共 15 题，每题 2 分，共计 30 分；每题有且仅有一个正确选项）

**1.** 从（　　）年开始，NOIP 竞赛不再支持 Pascal 语言。

A. 2020　　B. 2022

C. 2021　　D. 2023

**2.** 在 8 位二进制补码中，11011001 表示的数是十进制中的（　　）。

A. 105　　B. 39

C. −105　　D. −39

**3.** 有分辨率为 1920 像素 × 1080 像素、24 位色的位图，存储图像信息所需的空间为（　　）。

A. 6075KB　　B. 8100KB

C. 5760KB　　D. 7560KB

**4.** 2017 年 10 月 1 日是星期日，1949 年 10 月 1 日是（　　）。

A. 星期三　　B. 星期日

C. 星期六　　D. 星期二

**5.** 设 $F$ 是有 $p$ 个顶点、$q$ 条边的连通无向图，要使 $F$ 变成一棵树，需要删除（　　）条边。

A. $p-q-1$　　B. $q-p+1$

C. $p-q$　　D. $q-p$

**6.** 设某算法处理规模为 $M$ 的问题时，其运行时间可由递推公式 $T(M)=3T\left(\frac{M}{3}\right)+M^2$ 描述，$T(1)=1$，该算法的复杂度为（　　）。

A. $O(M)$　　B. $O(M\log M)$

C. $O(M^2)$　　D. $O(M^2\log M)$

**7.** 表达式 $(a+b)*(c-d)/e$ 的后缀形式是（　　）。

A. ab + cd −*e /　　B. ab + c − d*e/

C. a + bcd −*e /　　D. abc + −d*e/

**8.** 计算由 5 个不同的点构成的简单无向连通图可能会用到哪种数学知识？（　　）

A. 容斥原理　　B. 公约数

C. 微积分　　D. 矩阵求逆

**9.** 将 8 个相同的任务分配给 3 个不同的员工，要求 3 个员工都有任务，有（　　）种不同的分配方案。

A. 21　　B. 32　　C. 64　　D. 128

**10.** 在一个数列中，第一项为 0，第二项为 1，之后的每一项等于前两项的平均值。若数列前几项依次为 0、1、0.5、0.75，则随着数列项数的增加，数列中的项将接近于（　　）。

A. 0.5　　B. 0.66　　C. 1　　D. 0.75

**11.** 设 $A$ 和 $B$ 是两个长度为 $n$ 的数组。$A$ 数组递减，$B$ 数组递增。现在需要按照如下规则把 $A$ 和 $B$ 合并成递减数组 $C$。比较 $A$ 和 $B$ 的第一个元素，如果 $A$ 的第一个元素大，则逆序遍历数组 $C$ 并插入 $A$ 的第一个元素，删除 $A$ 的第一个元素；如果 $B$ 的第一个元素大，则顺序遍历数组 $C$ 并在合适位置插入 $B$ 的第一个元素，删除 $B$ 的第一个元素，请问最坏复杂度为（　　）。

A. $O(n)$　　B. $O(n\log n)$　　C. $O(n^2)$　　D. $O(n^2\log n)$

**12.** 表达式(a+b)*c-d 的后缀表达形式为（　　）

A. ab+c*d-　　B. ab+c-d*

C. abc*+d-　　D. abc*d-+

**13.** 2024 的质因子不相同的个数为（　　）。

A. 2　　B. 3　　C. 4　　D. 5

**14.** SPFA 算法（Bellman-Ford 算法的队列优化）复杂度的理论上界是（　　）。

A. $O(mn)$　　B. $O(n^2)$

C. $O(n^3)$　　D. $O((n+m)\log n)$

**15.** 下列哪位科学家对电信理论的发展和信息论的建立起到了关键作用（　　）。

A. 伊维特 · 布尔　　B. 艾伦 · 图灵

C. 克劳德 · 香农　　D. 罗伯特 · 卡尔邦

**二、阅读程序**（程序输入不超过数组或字符串定义的范围；对于判断题，正确填 √，错误填×；除特殊说明外，判断题每题 1.5 分，选择题每题 3 分，共计 40 分）

（一）

```
#include <iostream>
#include <vector>
#include <map>
using namespace std;

int findfreq(const vector<int>& nums) {
    map<int, int> frequency;
    for (int num : nums) {
        frequency[num]++;
    }
```

```
    int maxfreq = 0;
    for (const auto& pair : frequency) {
        maxfreq = max(maxfreq, pair.second);
    }

    for (const auto& pair : frequency) {
        if (pair.second != maxfreq) {
            pair.second = 0;
        } else {
            pair.second -= maxfreq / 2;
        }
    }

    for (int i = 0; i < (int) nums.size(); i++) {
        int num = nums[i];
        if (frequency[num]) {
            frequency[num]--;
            swap(nums[i], nums.back());
            nums.pop_back();
            i--;
        }
    }

    return maxfreq;
}

int main() {
    int n, count = 0;
    cin >> n;
    vector<int> nums(n);
    for (int i = 0; i < n; ++i) {
        cin >> nums[i];
    }
    while (findfreq(nums) > 1) {
        count++;
    }
    cout << count << endl;
    return 0;
}
```

假设输入的 $n$ 都是不超过 10000 的正整数，完成下面的判断题和单选题。

- 判断题

**16.** $n$ 必须小于 10000，否则程序可能会发生运行错误（不考虑数组大小大于可分配内存的情况）。（　　）

**17.** 输出一定大于 0。(　　)

**18.** (2 分) 若将 `while (findfreq(nums) > 1)` 改为 `while (findfreq(nums))` 程序运行结果可能会改变。(　　)

**19.** 将输入后的 nums 进行随机打乱，输出的 count 改变。(　　)

- 单选题

**20.** 该程序可以达到的复杂度上下界分别是 (　　)(计算时默认 map 单次操作的时间复杂度为 $O(1)$)。

A. $O(n^2)$ 和 $O(n)$　　B. $O(n^2)$ 和 $O(n\log n)$

C. $O(n\log n)$ 和 $O(n)$　　D. $O(n\log n)$ 和 $O(n\log n)$

**21.** 删掉 findfreq 函数中的 “i–” 语句，程序结果会发生什么变化？(　　)

A. 不可预测　　B. 变大

C. 变小　　D. 不变

(二)

```
#include <iostream>
#include <vector>
#include <string>
using namespace std;

class SchoolEvent {
private:
    string name;
    int duration;
    vector<string> participantNames;

public:
    SchoolEvent(string eventName, int eventDuration)
        : name(eventName), duration(eventDuration) {}

    void addParticipant(const string& participantName) {
        participantNames.push_back(participantName);
    }

    void printEventDetails() const {
        cout << "Event: " << name << "\n";
        cout << "Duration: " << duration << " hour(s)\n";
        cout << "Participants:\n";
        for (const auto& participant : participantNames) {
            cout << "- " << participant << "\n";
        }
    }

    int getParticipantCount() const {
        return participantNames.size();
```

```
    }

    bool isLongerThan(const SchoolEvent& otherEvent) const {
        return this->duration > otherEvent.duration;
    }
};

int main() {
    int n;
    cin >> n;
    vector<SchoolEvent> events;

    for (int i = 0; i < n; ++i) {
        string eventName;
        int duration, participants;
        cin >> eventName >> duration >> participants;

        SchoolEvent event(eventName, duration);
        for (int j = 0; j < participants; ++j) {
            string participantName;
            cin >> participantName;
            event.addParticipant(participantName);
        }
        events.push_back(event);
    }

    for (const auto& event : events) {
        event.printEventDetails();
    }

    return 0;
}
```

假设输入的事件名称和参与者姓名都是没有空格的字符串，事件持续时间和参与者数量是正整数。完成下面的判断题和单选题。

- 判断题

**22.** 如果有两个事件的持续时间相同，isLongerThan 函数将返回 false。(　　)

**23.** addParticipant 函数允许同一个事件中添加重名的参与者。(　　)

**24.** 在 main 函数中，如果输入的事件数量为 0，程序将不会输出任何内容。(　　)

- 单选题

**25.** 假设所有事件的持续时间都不相同，下列哪项操作能找到持续时间最长的事件？(　　)

A. 使用 isLongerThan 函数比较 events 向量中的每个事件，记录持续时间最长的事件

B. 对 events 向量按照参与者人数进行排序，然后选择第一个事件

C. 对 events 向量按照参与者人数进行排序，然后选择最后一个事件

D. 使用 getParticipantCount 函数找到参与者最多的事件

**26.** 如果想在每个事件详情后添加一行表示事件结束的信息（例如："Event ends here."），应该在哪里添加代码？（　　）

A. 在 SchoolEvent 类的 addParticipant 方法中

B. 在 SchoolEvent 类的 printEventDetails 方法的末尾

C. 在 main 函数中，每次调用 printEventDetails 之前

D. 在 SchoolEvent 类的构造函数中

**27.** 在 SchoolEvent 类的设计中，可以使用 addParticipant 函数向 vector 内部添加元素，这体现了哪种编程概念？（　　）

A. 封装

B. 继承

C. 多态

D. 重载

（三）

```
#include <iostream>
#include <cstdio>
#include <cstdlib>
using namespace std;

const int N = 8000000 + 10;
const int mod = 2333333;

int rx1, rx2, ry1, ry2, rz1, rz2, n;
int num[25][25];
double px[N], py[N], pos[25][25];

int main() {
    cin >> n >> rx1 >> rx2 >> ry1 >> ry2 >> rz1 >> rz2;

    int x = 0, y = 0, z = 0;
    for (int i = 1; i <= n; i++) {
        x = (y * rx1 + rx2) % mod;
        y = (z * ry1 + ry2) % mod;
        z = (x * rz1 + rz2) % mod;

        px[i] = x % 20 + (y % 10) / 10.0 + (z % 10) / 100.0;

        x = (y * rx1 + rx2) % mod;
        y = (z * ry1 + ry2) % mod;
        z = (x * rz1 + rz2) % mod;

        py[i] = x % 20 + (y % 10) / 10.0 + (z % 10) / 100.0;
    }
```

```
    for (int i = 1; i <= n; i++) {
        int x = px[i], y = py[i];
        num[x][y]++;
        pos[x][y] += (px[i] + py[i]);
    }

    int all = 0;
    double ans = 0;
    for (int i = 1; i <= 20; i++) {
        for (int j = 1; j <= 20; j++) {
            if (num[i][j] > 0) {
                for (int ii = 0; ii < i; ii++) {
                    for (int jj = 0; jj < j; jj++) {
                        if (num[ii][jj] > 0) {
                            ans += pos[i][j] * num[ii][jj] -
num[i][j] * pos[ii][jj];
                            all += num[i][j] * num[ii][jj];
                        }
                    }
                }
            }
        }
    }
    printf("%.5f", ans / all);
    return 0;
}
```

假设输入的 $n \leqslant 5\times10^6$，保证程序运行时不会发生 int 类型溢出。完成下面的判断题和单选题。

- 判断题

**28.** 删除所有(z%10)/100.0中的.0，程序结果不会改变。（　　）

**29.**（2 分）删除主函数最后一个 4 层循环中的两个 if 语句，并对应删除反括号使程序正常运行，程序结果不会改变。（　　）

**30.** 交换第一个循环中的 px[i] 和 py[i]，使程序先对 py[i] 赋值，再对 px[i] 赋值，程序结果不会改变。（　　）

- 单选题

**31.** 输入 3 3 5 7 11 13 17，输出是（　　）。

A. 15

B. 15.8

C. 16

D. 16.8

**32.** 将 num[25][25] 中的两个 25 改成以下哪个值可以在使用最少空间的同时保证程序不出现错误（除了这两个数之外不修改任何程序内容）？（　　）

A. 19

B. 20

C. 21

D. 22

**33.** 简单估算 $n$ 最少在哪个量级下，程序中会出现整型溢出（输入指定为 $n$ 3 5 7 11 13 17）（　　）。

A. 1000

B. 10000

C. 100000

D. 1000000

**三、完善程序**（单选题，每题 3 分，共计 30 分）

（一）（高级路径规划系统）

背景：某城市正在开发一个高级路径规划系统，以帮助居民在城市的多个地点之间规划最有效的路径。城市可以被视为一个图，图中的结点表示地点，边表示地点之间的道路，边的权重表示通过该道路所需的时间。

目标：设计一个程序，帮助用户找到从起点到终点的最短时间路径。同时，考虑到城市中可能存在的拥堵，某些道路的权重会根据用户经过的时间动态地变化。

输入：$n$ 和 $m$（地点的数量和道路的数量，$2 \leqslant n, m \leqslant 100$），`edges`［三元组数组，每个三元组形式为$(u, v, w)$，表示存在一条从地点 $u$ 到地点 $v$ 的道路，其权重为 $w$］，`startTime`（用户计划出发的时间），起点和终点的标号。

要求：编写一个程序，返回用户从起点到终点可能的最短时间。

注：`tie` 语法能够将变量整合为一个组，从而实现批量赋值。

```
#include <iostream>
#include <vector>
#include <functional>
#include <queue>
#include <climits>

using namespace std;

function<int(int, int)> f;

int dijk(int n, vector<tuple<int, int, int>>& edges, int
startTime, int beg, int end) {
    vector<vector<pair<int, int>>> g(n);
    for (auto& edge : edges) {
        int u, v, w;
        tie(u, v, w) = edge;
        g[u].push_back({v, w});
    }
```

```
    vector<int> d(n, INT_MAX);
    d[beg] = startTime;

    priority_queue<pair<int, int>, vector<pair<int, int>>,
greater<pair<int, int>>> pq;
    pq.push(___①___);

    while (!pq.empty()) {
        int cd, u;
        tie(cd, u) = pq.top(); pq.pop();

        if (u == end) ___②___;

        for (auto& adj : g[u]) {
            int v = adj.first;
            int baseWeight = ___③___;
            int actualWeight = ___④___;

            if (actualWeight+cd < d[v]) {
                d[v] = ___⑤___;
                pq.push({actualWeight+cd, v});
            }
        }
    }

    return -1;
}

int main() {
    int n, m;
    cin >> n >> m;

    vector<tuple<int, int, int>> edges;
    for (int i = 0; i < m; i++) {
        int u, v, w;
        cin >> u >> v >> w;
        edges.push_back({u, v, w});
    }

    int beg, end;
    cin >> startTime >> beg >> end;

    f = [](int dis, int w) -> int { return w ^ dis; };

    cout << dijk(n, edges, startTime, beg, end) << endl;
```

```
    return 0;
}
```

**34.** ①处应填（　　）。

A. {beg, startTime}

B. {startTime, beg}

C. {0, beg}

D. {INT_MAX, beg}

**35.** ②处应填（　　）。

A. continue;

B. break;

C. return d[end];

D. return d[end] - startTime;

**36.** ③处应填（　　）。

A. adj.second

B. adj.first

C. g[u][v]

D. edges[u, v]

**37.** ④处应填（　　）。

A. f(d[v], cd)

B. f(baseWeight, cd)

C. f + baseWeight

D. baseWeight * cd

**38.** ⑤处应填（　　）。

A. cd + actualWeight

B. actualWeight

C. cd + baseWeight

D. baseWeight

（二）（最优资源分配问题）背景：一个公司计划在未来 $N$ 天内完成一个大项目，每天都需要投入一定数量的资源。根据项目的具体需求，每天所需的资源量可能不同。公司有一个固定的资源池，每天可以从中分配资源，但由于资源总量有限，公司可能无法满足每天的资源需求。因此，公司希望通过优化资源分配来最小化总的资源缺口。

目标：编写一个程序，根据每天的最佳资源需求和资源总量，计算出在 $N$ 天内最小化总的资源缺口的资源分配方案。

具体任务：给定未来 $N$ 天内每天的最佳资源需求量和总的资源池大小 $M$。需要找出一种资源分配方案，使得这 $N$ 天中最大资源缺口最小。

第一行输入两个整数 $N$ 和 $M$，分别表示天数和资源总量。第二行包含 $N$ 个整数，每个整数表示每天的最佳资源需求量。输出一个整数，表示最小的总资源不足量。

```
#include <iostream>
#include <vector>
```

```
#include <algorithm>
#include <numeric>
#include <limits.h>

using namespace std;

int main() {
    int N, M;
    cin >> N >> M;
    vector<int> demands(N);
    for (int i = 0; i < N; ++i) {
        cin >> demands[i];
    }

    vector<int> dp(M + 2);

    dp[0] = ___①___;

    for (int i = 0; i < N; i++) {
        for (___②___) {
            if (j > 0) dp[j] = dp[j - 1];
            for (int k = 0; k <= ___③___; k++) {
                dp[j] = min(dp[j], ___④___);
            }
        }
    }

    cout << ___⑤___ << endl;
    return 0;
}
```

**39.** ①处应填（　　）。

A. `INT_MAX`

B. `0`

C. `-1`

D. `demands[N - 1]`

**40.** ②处应填（　　）。

A. `int j = N - 1; j >= 0; --j`

B. `int j = M; j >= 0; --j`

C. `int j = 0; j < N; j++`

D. `int j = 0; j <= M; j++`

**41.** ③处应填（　　）。

A. `demands[i]`

B. `demands[j]`

C. `min(j, demands[i])`

D. `min(demands[i], demands[j])`

**42.** ④处应填（　　）。

A. `max(dp[j - k], demands[i] - k)`

B. `max(dp[j], demands[i] - k)`

C. `max(dp[k], demands[i] - j)`

D. `max(dp[k], demands[i])`

**43.** ⑤处应填（　　）。

A. `dp[0]`

B. `dp[M]`

C. `dp[N-1]`

D. `dp[M-1]`

# 信息学奥赛 CSP-S 初赛模拟题（九）

## 提高组 C++语言试题

**注意事项：**

- 本试卷满分 100 分，时间 120 分钟。完成测试后，学生可在“佐助题库”中提交自己的答案进行测评，查看分数和排名。
- 测评方式：登录“佐助题库”，点击“初赛测评”，输入 ID“1041”，密码：123456。
- 未注册“佐助题库”账号的读者，请先根据本书“关于初赛检测系统”的介绍，免费注册账号。

**一、选择题**（共 15 题，每题 2 分，共计 30 分；每题有且仅有一个正确选项）

**1.** 表达式 `int(23/2.0)%int(6^2)` 的值是（　　）。

A. 1　　B. 3　　C. 5　　D. 7

**2.** 下列不属于常见的声音文件格式的是（　　）。

A. WAV　　B. FLAC　　C. BMP　　D. MP3

**3.** 二进制数110011和101010进行按位异或运算的结果是（　　）。

A. 100010　　B. 111011　　C. 011001　　D. 100110

**4.** 下列选项中不是编译型语言的是（　　）。

A. C　　B. C++　　C. Python　　D. Fortran

**5.** 下列关于指针的说法错误的是（　　）。

A. 指针可以指向其他变量的地址

B. 指针本身不占内存空间

C. C++的指针可以指定被指向的变量的类型

D. 空指针非常危险

**6.** 把 1 ~ 10 号同学分到 $A$、$B$、$C$ 三个班，要求每个班里的同学中，不能存在两个同学的学号恰好是两倍关系，例如 4 号和 8 号同学不能在同一个班，允许有空班。一共有（　　）种分班的方法。

A. 4374　　B. 6561　　C. 7776　　D. 11664

**7.** 使用 g++编译文件，按照 C++14 标准编译，并且打开性能分析（gprof）功能的编译选项是（　　）。

A. -ver=c++14 –perf

B. -ver=c++14 -pg

C. -std=c++14 –perf

D. -std=c++14 -pg

**8.** 盲盒摸球，一开始有黑色球、白色球各一个，每次摸出球后把摸出的球放回，并且再放入一个颜色相同的球。最终有 100 个球的时候打开盒子，发现刚好有黑球白球各 50 个。这件事的概率是（　　）。

A. 1/100　　B. 1/99　　C. 1/50　　D. 2/99

**9.** 斐波那契数列的定义为 $F_0=0$，$F_1=1$，$F_n=F_{n-1}+F_{n-2}$，$n\geqslant 2$。下列表达式中正确的是（　　）。

（a）$F_{2n}=F_n(F_{n+1}+F_{n-1})$

（b）$F_{n+1}F_{n-1}+1=F_n^2$

（c）$GCD(F_n,F_m)=F_{GCD(n,m)}$

A. Ab　　B. ac　　C. bc　　D. abc

**10.** 把 5 封信放进 5 个信封里，一个信封里放一封信，信封和信纸唯一匹配。假设把信放进信封时没有注意匹配，而是随机选择放入每个信封的那封信，那么每一封信都放错了的概率是（　　）。

A. 11/30　　B. 1/5　　C. 7/15　　D. 5/12

**11.** 假设某考试的日期是下列其中之一：

Mar 4, Mar 5, Mar 8, Jun 4, Jun 7, Sep 1, Sep 5, Dec 1, Dec 2, Dec 8

现在假设组织方只通知 A 同学月，只通知 B 同学日。A 和 B 读完本题的题干到此为止的部分后，开启如下对话。

A：我不知道，你也不知道。

B：我本来不知道，你这一说我就知道了。

A：那我也知道了。

考试的日期是（　　）。

A. Sep 1

B. Mar 4

C. Mar 8

D. Dec 2

**12.** 二叉查找树把数值按照前序遍历排列，达到了快速查找的效果，而平衡树通过特别的技巧保持查找的复杂度维持在每次平均 $O(\log n)$ 级别。下列结构不能始终保持树深度为 $O(\log n)$ 级别的是（　　）。

A. 2-3 树

B. 红黑树

C. AVL 树

D. splay 树

**13.** 以下不属于 NP-Complete 问题的是（　　）。

A. 3-SAT 问题

B. 背包问题

C. 最大团问题

D. 停机问题

**14.** “筝形二十四面体”的每个面都是四边形，它的顶点数是（　　）。

A. 22

B. 24

C. 26

D. 28

**15.** 分拆数 $p_n$ 表示把 $n$ 拆成若干正整数和的方案数，其中拆出的加数的顺序不重要。$F(x)=\sum_{i=0}^{\infty}p_n x^n$ 这个形式的幂级数可以化简为（　　）。

A. $\prod_{k=1}^{\infty}\frac{1}{1-x^k}$

B. $\frac{1}{1-e^x}$

C. $\frac{x}{1-x-x^2}$

D. $\frac{x(x+1)}{(1-x)^3}$

**二、阅读程序**（程序输入不超过数组或字符串定义的范围；对于判断题，正确填√；错误填×；除特殊说明外，判断题每题 1.5 分，选择题每题 3 分，共计 40 分）

（一）

```
01  #include <bits/stdc++.h>
02  using namespace std;
03  typedef long long ll;
04
05  int main() {
06      cin.tie(nullptr);
07      ios::sync_with_stdio(false);
08
09      ll n;
10      cin >> n;
11
12      vector<ll> cnt(300000,0);
        // 建立一个包含 300000 个元素，且元素全是 0 的数组 cnt
13      for(ll i = 0; i < n; i++){
14          ll a;
15          cin >> a;
16          if(a == 0){
17              cnt[a]++;
18              continue;
19          }
20          for(ll j = 2; j <= 500; j++){
21              while (a%(j*j) == 0){
22                  a /= (j*j);
23              }
24          }
25          cnt[a]++;
26      }
```

```
27
28      ll Ans = cnt[0] * (n-1) - cnt[0]*(cnt[0]-1)/2;
29      for(ll i = 1; i < 300000; i++){
30          Ans += cnt[i]*(cnt[i]-1)/2;
31      }
32
33      cout << Ans << endl;
34      return 0;
35  }
```

假设输入的$2 \leqslant N \leqslant 2\times10^5$，$0 \leqslant a_i \leqslant 2\times10^5$都是正整数，完成下面的判断题和单选题。

● 判断题

**16.** 当$n>0$时，输出的值一定小于$n^2$。(　　)

**17.** 当$n$时，输出的值一定大于$n$。(　　)

**18.** cnt[1024]的值一定为0。(　　)

**19.** 对于第20行代码中的 j，其实不需要循环 2 ~ 500 所有的正整数，只循环这个范围内的素数结果也是相同的。(　　)

● 单选题

**20.** 在适当的构造下，最终 cnt[x]>0 可以对于至少(　　)个 0<x<2×10<sup>5</sup> 成立。请选择正确选项中最大的那一项。

A. $10^5$

B. 400

C. 200

D. 10

**21.** 若$n=50$，$a_i \leqslant 1024$，且$n$个$a_i$两两不同，则输出的值最大为(　　)。

A. 649

B. 738

C. 877

D. 461

（二）

```
01  const double EPS = 1e-9;
02  const int INF = 2; // it doesn't actually have to be infinity
or a big number
03
04  int gauss (vector < vector<double> > a, vector<double> & ans) {
05      int n = (int) a.size();
06      int m = (int) a[0].size() - 1;
07
08      vector<int> where (m, -1);
09      for (int col=0, row=0; col<m && row<n; ++col) {
10          int sel = row;
11          for (int i=row; i<n; ++i)
```

```
12                if (abs (a[i][col]) > abs (a[sel][col]))
13                    sel = i;
14            if (abs (a[sel][col]) < EPS)
15                continue;
16            for (int i=col; i<=m; ++i)
17                swap (a[sel][i], a[row][i]);
18            where[col] = row;
19
20            for (int i=0; i<n; ++i)
21                if (i != row) {
22                    double c = a[i][col] / a[row][col];
23                    for (int j=col; j<=m; ++j)
24                        a[i][j] -= a[row][j] * c;
25                }
26            ++row;
27        }
28
29        ans.assign (m, 0);
30        for (int i=0; i<m; ++i)
31            if (where[i] != -1)
32                ans[i] = a[where[i]][m] / a[where[i]][i];
33        for (int i=0; i<n; ++i) {
34            double sum = 0;
35            for (int j=0; j<m; ++j)
36                sum += ans[j] * a[i][j];
37            if (abs (sum - a[i][m]) > EPS)
38                return 0;
39        }
40
41        for (int i=0; i<m; ++i)
42            if (where[i] == -1)
43                return INF;
44        return 1;
45    }
```

- 判断题

**22.** 上述代码实现了高斯消元算法，方程 $\boldsymbol{Ax}=\boldsymbol{b}$ 中把 $\boldsymbol{b}$ 放在 $\boldsymbol{A}$ 之后拼接的一列。(　　)

**23.** 删除 11 ~ 13 行的代码对程序运行没有影响。(　　)

**24.** 上述代码在 $n>m$，$n=m$，$n<m$ 三种情况下，有一种不能正确处理。(　　)

**25.** 如果 $n=m$，矩阵中的元素完全随机，那么上述代码的期望时间复杂度低于 $O(n^3)$。(　　)

- 单选题

**26.** 如果在列的方向为方阵 $\boldsymbol{A}$ 拼接一个单位矩阵（只有对角线 pinjie[i][i]为 1，其余为 0 的矩阵叫单位矩阵），才得到 $n$ 行 $2n$ 列的数组 a，消元完成后原先的单位阵位置（$n$+1 到 $2n$ 列）的矩阵是（　　）。

A. $\boldsymbol{A}$

B. $\boldsymbol{A}$的逆

C. $\boldsymbol{A}$的平方

D. $\boldsymbol{A}$的邻接矩阵

**27.** 对于下列输入的返回值是（　　）（$n$=4，$m$=5，矩阵如下所示）。

1　0　1　−2　3

−3　2　−1　3　1

4　2　8　1　8

1　6　7　1　1

A. 0

B. 1

C. 2

D. −1

（三）

```
01  #include<bits/stdc++.h>
02  using namespace std;
03  typedef unsigned long long ull;
04  const int N = 1005, P = 1e9+7, Q = 1e9+9;
05  ull p[N], q[N], h1[N][N], h2[N][N];
06  int n, m, ans=1;
07  char a[N][N];
08  ull Hash(int X1, int Y1, int X2, int Y2, int op){
09      if(op == 1) return h1[X2][Y2] - h1[X2][Y1 - 1] * p[Y2 - Y1 +
        1] - h1[X1 - 1][Y2] * q[X2 - X1 + 1] + h1[X1 - 1][Y1 - 1] *
        p[Y2 -Y1 + 1] * q[X2 - X1 + 1];
10      return h2[X2][Y2] - h2[X2][Y1 - 1] * p[Y2 - Y1 + 1] - h2[X1 -
        1][Y2] * q[X2 - X1 + 1] + h2[X1 - 1][Y1 - 1] * p[Y2 - Y1 + 1]
        *q[X2 - X1 + 1];
11  }
12  bool check(int X1, int Y1, int X2, int Y2){
13      int n1 = n - X1 + 1, m1 = m - Y1 + 1, n2 = n - X2 + 1, m2 =
        m - Y2 + 1;
14      ull H1 = Hash(X1, Y1, X2, Y2, 1), H2 = Hash(n2, m2, n1, m1, 2);
15      if(H1 != H2) return 0;
16      return 1;
17  }
18  int main(){
19      ios::sync_with_stdio(0), cin.tie(0), cout.tie(0);
20      cin>>n>>m;
21      q[0] = p[0] = 1;
22      for(int i = 1; i <= n; i++)
23          for(int j = 1; j <= m; j++){
24              cin>>a[i][j];
```

```
25            h1[i][j] = h1[i][j-1] * P + h1[i-1][j] * Q - h1[i-1][j-
              1] * P * Q + a[i][j] - '0' + 1;
26         }
27      for(int i = 1; i <= n; i++) q[i] = q[i-1] * Q;
28      for(int j = 1; j <= m; j++) p[j] = p[j-1] * P;
29      for(int i = 1; i <= n; i++)
30          for(int j = 1; j * 2 <= m; j++) swap(a[i][j], a[i][m-j+1]);
31      for(int j = 1; j <= m; j++)
32         for(int i = 1; i * 2 <= n; i++) swap(a[i][j], a[n-i+1][j]);
33      for(int i = 1; i <= n; i++)
34         for(int j = 1; j <= m; j++) h2[i][j] = h2[i-1][j] * Q +
           h2[i][j-1] * P - h2[i-1][j-1] * Q * P + a[i][j] - '0' + 1;
35      for(int i = 1; i <= n; i++)
36         for(int j = 1; j <= m; j++){
37            int l = 0, r = min(min(i, n-i), min(j, m-j));
38            while(l < r){
39               int mid = (l + r + 1) / 2;
40               if(check(i - mid + 1, j - mid + 1, i+mid, j+mid))
                 l = mid;
41               else r = mid - 1;
42            }
43            ans = max(ans, l*2), l = 0, r = min(min(i-1, n-i),
              min(j-1, m-j));
44            while(l < r){
45               int mid = (l + r + 1) / 2;
46               if(check(i-mid, j-mid, i+mid, j+mid)) l = mid;
47               else r = mid - 1;
48            }
49            ans = max(ans, l*2+1);
50         }
51      cout<<(ans == 1 ? -1 : ans);
52      return 0;
53  }
```

本题默认不会出现小概率的哈希碰撞，完成下面的判断题和单选题。

- 判断题

**28.** 取值 $P=Q$ 不会影响运行结果。(　　)

**29.** 第 38 ~ 48 行代码对以 $(i,j)$ 位置为中心的矩阵做二分。如果改成对以 $(i,j)$ 为右下角的矩阵做二分会使程序运行发生错误。(　　)

**30.** (3 分) 通常选择 $2^{64}$ 作为哈希模数会比用同样量级的素数作为模数有更大的碰撞概率。(　　)

**31.** (3 分) 如果将第 30 行的 `swap(a[i][j], a[i][m-j+1])` 改成 `swap(a[i][j], a[n-i+1][m-j+1])` 并且删除第 31 ~ 32 行，也不会影响运行结果。(　　)

- 单选题

**32.** 把输入数组记作 $a$，那么 h1[n][m]的值可以在同余意义下写成表达式（　　）。

A. $\sum_{i=1}^{n}\sum_{j=1}^{m}a_{ij}P^{i}Q^{j}$

B. $\sum_{i=1}^{n}\sum_{j=1}^{m}a_{ij}Q^{i}P^{j}$

C. $\sum_{i=1}^{n}\sum_{j=1}^{m}a_{ij}P^{n-i}Q^{m-j}$

D. $\sum_{i=1}^{n}\sum_{j=1}^{m}a_{ij}Q^{n-i}P^{m-j}$

**33.**（4分）假设 $n=m$，渐进意义下，第39行代码运行次数的增长级别是（　　）

A. $n^2$

B. $n^2\log n$

C. $\frac{1}{2}n^2\log n$

D. $\frac{1}{4}n^2\log n$

**三、完善程序**（单选题，每题3分，30分）

（一）有 $N$ 个玻璃杯，从1～$N$ 编号，每个玻璃杯中都有一定量的水。你需要通过倒水（将某个杯子中的水倒入另一个杯子）使只有 $K$ 个杯子中有水。

已知将第 $i$ 号玻璃杯中的水倒入第 $j$ 号，需要消耗 $C_{i,j}$ 的代价。请你求出经过倒水后满足只有 $K$ 个（或更少）玻璃杯中有水时，消耗的代价总和的最小值。

【输入格式】

第一行包含两个正整数—— $N$ 和 $K$。

接下来的 $N$ 行，每行包含 $N$ 个非负整数 $C_{i,j}$。第 $i$ 行第 $j$ 列的数表示从玻璃杯 $i$ 倒水到玻璃杯 $j$ 需要付出的代价。保证 $C_{i,i}$ 一定是0。

【输出格式】

输出达成目标时需要付出的最小代价和。

```
01  #include<bits/stdc++.h>
02  using namespace std;
03  const int N=20,INF=0x3f3f3f3f;
04  int f[1<<N],c[N][N];
05  int n,k,ans=INF;
06  int main(){
07  cin>>n>>k;for(int i=0;i<n;++i)for(int j=0;j<n;++j)cin>>c[i][j];
08  memset(f,0x3f,sizeof(f));f[____①____]=0;
09  for(int i=(1<<n)-2;~i;--i)
10      for(int j=0;j<n;++j)if(____②____)
11          for(int k=0;k<n;++k)if(____③____) // 请注意这里的k与全局的k不同，假设两者不会互相影响
12              f[i]=min(f[i],____④____);
```

```
13  for(int i=0;i<1<<n;++i)
14      if(____⑤____)
15          ans=min(ans,f[i]);
16  printf("%d\n",ans);
17  return 0;
18  }
```

**34.** ①处应填（　　）。

A. `0`

B. `(1<<n)-1`

C. `(1<<(n-k))-1`

D. `(1<<k)-1`

**35.** ②处应填（　　）。

A. `i^j`

B. `i>=j`

C. `(i>>j)&1`

D. `!((i>>j)&1)`

**36.** ③处应填（　　）。

A. `j!=k`

B. `j+k<n`

C. `(i>>k)&1`

D. `!((i>>k)&1)`

**37.** ④处应填（　　）。

A. `f[i^(1<<j)]+c[j][k]`

B. `f[i^(1<<j)]+c[k][j]`

C. `f[i^(1<<k)]+c[j][k]`

D. `f[i^(1<<k)]+c[k][j]`

**38.** ⑤处应填（　　）。

A. `sizeof(i)<=k`

B. `__builtin_popcount(i)<=k`

C. `i>=k`

D. `i&(1<<k)`

（二）这个城市由 $n$ 个社区组成，社区间由 $n-1$ 条道路连接。并且从任意一个社区出发，可以前往其他任意一个社区。一共会建造 $k$ 座公园，同一个社区内只存在一座公园。市政府希望尽可能减小从每个社区到最近公园的距离的最大值。

请帮助政府确认在哪些社区建造公园，可以使每个社区到达公园的距离尽量短。

【输入格式】

第 1 行包含两个整数 $n$ 和 $k$，分别表示社区数目和需要建造的公园数目。

接下来 $n-1$ 行，第 $i$ 行包含 3 个数 $a_i$、$b_i$、$w_i$，分别表示有一条长度为 $w_i$ 道路连接着社区 $a_i$ 和 $b_i$。

【输出格式】

第 1 行包含一个整数，即每个社区到公园的最短距离。

第 2 行包含 $k$ 个整数，可以使每个社区到达公园的距离最短所需要修建的公园所在的社区编号。如果有多组解，只输出一组解。

【样例输入】

```
9 3
1 2 5
1 3 1
3 4 10
3 5 9
5 6 8
2 7 1
2 8 2
8 9 7
```

【样例输出】

```
8
4 5 8
```

对于100% 的数据，均满足$1 \leqslant k \leqslant n \leqslant 2\times10^5, 1 \leqslant a_i,\ b_i \leqslant n, 1 \leqslant w_i \leqslant 1e9$。

```
01  #include <bits/stdc++.h>
02  #define int long long // 请注意本代码的特别写法
03  #define double long double
04  #define lowbit(x) ((-x)&x)
05  using namespace std;
06  vector<pair<int,int>> vc[200005];
07  int dep1[200005],dep2[200005],qy,tot[200005],cl[200005];
08  void dfs(int now,int fa,int len){
09     dep1[now]=dep2[now]=tot[now]=cl[now]=0;
10     int maxv=-1e18,minv=1e18;
11     for(auto v:vc[now]){
12         if(v.first==fa) continue;
13         dfs(v.first,now,v.second);
14         ____①____;
15         tot[now]+=tot[v.first];
16     }
17     if(minv>qy) maxv=0;
18     for(auto v:vc[now]){
19         if(v.first==fa) continue;
20         if(dep2[v.first]+v.second+minv>qy) ____②____;
21     }
22     if(____③____||(now==1&&maxv>=0)){
23         tot[now]++,cl[now]=1;
24         dep1[now]=0,dep2[now]=-1e18;
25     }
```

```
26        else{
27            ____④____;
28        }
29    }
30    signed main(){
31        int n,k; cin>>n>>k;
32        for(int i=1;i<n;i++){
33            int u,v,w; cin>>u>>v>>w;
34            vc[u].push_back(make_pair(v,w));
35            vc[v].push_back(make_pair(u,w));
36        }
37        int L=0,R=1e18;
38        while(L<R){
39            int mid=(L+R)/2;
40            qy = mid;
41            dfs(1,0,0);
42            if(____⑤____){
43                R=mid;
44            }
45            else{
46                L=mid+1;
47            }
48        }
49        cout<<L<<"\n";
50        qy=L,dfs(1,0,0);
51        for(int i=1;i<=n;i++) if(cl[i]) k--,cout<<i<<" ";
52        for(int i=1;i<=n;i++) if(k&&!cl[i]) k--,cout<<i<<" ";
53        return 0;
54    }
```

**39.** ①处应填（　　）。

A. maxv=max(maxv,dep1[v.first]+v.second)

B. maxv=max(maxv,dep2[v.first]+v.second)

C. minv=min(minv,dep1[v.first]+v.second)

D. minv=min(minv,dep2[v.first]+v.second)

**40.** ②处应填（　　）。

A. maxv=max(maxv,dep1[v.first]+v.second)

B. maxv=max(maxv,dep2[v.first]+v.second)

C. minv=min(minv,dep1[v.first]+v.second)

D. minv=min(minv,dep2[v.first]+v.second)

**41.** ③处应填（　　）。

A. (maxv+len>qy)

B. (maxv>qy)

C. (minv+len>qy)

D. `(minv>qy)`

**42.** ④处应填（　　）。

A. `return`

B. `tot[now]=cl[now]=0`

C. `dep1[now]=maxv,dep2[now]=minv`

D. `dep1[now]=minv,dep2[now]=maxv`

**43.** ⑤处应填（　　）。

A. `dep[1] >= 0`

B. `dep[2] >= 0`

C. `cl[1]`

D. `tot[1] <= k`

# 信息学奥赛 CSP-S 初赛模拟题（十）

## 提高组 C++语言试题

**注意事项：**

- 本试卷满分 100 分，时间 120 分钟。完成测试后，学生可在“佐助题库”中提交自己的答案进行测评，查看分数和排名。
- 测评方式：登录“佐助题库”，点击“初赛测评”，输入 ID“1040”，密码：123456。
- 未注册“佐助题库”账号的读者，请先根据本书“关于初赛检测系统”的介绍，免费注册账号。

**一、选择题**（共 15 题，每题 2 分，共计 30 分；每题有且仅有一个正确选项）

**1.** 对于 `int a, b;`关于代码段 `a = a + b; b = a - b; a = a - b;`，假设加减法溢出会直接丢弃溢出的最高位，下列说法正确的是（　　）。

A. 这段代码的功能是计算得到 a、b 分别为原先两个数的和、差，发生溢出会出错

B. 这段代码的功能是计算得到 a、b 分别为原先两个数的和、差，发生溢出不会出错

C. 这段代码的功能是交换两个数的值，发生溢出会出错

D. 这段代码的功能是交换两个数的值，发生溢出不会出错

**2.** 人工智能技术中的“深度学习”是指（　　）。

A. 一种模拟人类大脑神经网络结构和工作方式的机器学习算法

B. 一种用于网络数据挖掘和建模的高级技术

C. 一种将人类知识输入计算机系统的方法

D. 一种专门用于机器翻译的技术

**3.** 下面这段代码的功能是（　　）。

```
01 int f(int x) {
02   int r = 0;
03   while (x) { x ^= (x & -x); r++; }
04   return r;
05 }
```

A. 计算二进制最低位连续 0 的个数

B. 计算二进制最高位连续 0 的个数

C. 计算二进制下 0 的个数

D. 计算二进制下 1 的个数

**4.** 在 Linux 系统中，以下有（　　）个被抽象为文件：常规数据文件、字符设备、管道、进程。

A. 1　　　　B. 2　　　　C. 3　　　　D. 4

**5.** 通常的排序都是基于比较的。例如，为了给 3 个数字排序，必须把它们两两比较，比较 3 次后才能完全排序。对于更多数字的排序，可能需要根据已有的比较结果决定后续执行的比

较对象，达成最少的比较次数。对于比较次数最少的算法，在最坏情况下，给5个数排序需要（　　）次比较。

A. 7　　B. 8　　C. 9　　D. 10

**6.** 不停地掷硬币，直到连续出现两次正面，期望在掷到第（　　）次的时候达成。

A. 3　　B. 4　　C. 5　　D. 6

**7.** 凸多边形的三角剖分步骤如下：每次找两个相邻的边，用这两条边组成一个三角形，然后把这个三角形割掉，让原来的 $n$ 边形成为 $n-1$ 边形；重复操作直到剩下三角形。

不同的三角剖分不考虑切掉的顺序，而只考虑切出了哪些三角形。例如，凸三边形、凸四边形、凸五边形分别有1、2、5种不同的三角剖分方法。

请你求出凸七边形的三角剖分方案数（　　）。

A. 24　　B. 36　　C. 42　　D. 45

**8.** 房间里有 $n$ 个小朋友玩传球游戏，他们已经想好了如果拿到球一定要给谁。现在房间里还没有球。下面说法正确的是（　　）。

A. 存在一个小朋友，不管一开始把球给谁，那个小朋友一定会拿到球

B. 最终，球会在一个打算把球传给自己的小朋友手上永远传不出去

C. 可能存在两个小朋友，从他俩开始给球的两种可能性中，球经手的小朋友完全不同

D. 存在一个小朋友，如果要求他把球给老师，那么不论一开始球给了哪个小朋友，球最终会给老师

**9.** 正二十面体的每个面都是正三角形，它的顶点数是（　　）。

A. 8　　B. 10　　C. 12　　D. 14

**10.** 把5个同学分成3个小组，每个小组有1~5个同学，分组方案有（　　）种。

A. 15　　B. 20　　C. 25　　D. 30

**11.** $T(n)=4T(n/2)+\Theta(n^2)$，$T(1)=\Theta(1)$，解这个递推式得到（　　）。

A. $T(n)=\Theta(n^2)$　　B. $T(n)=\Theta(n\log n)$

C. $T(n)=\Theta(n^3)$　　D. $T(n)=\Theta(n^2\log n)$

**12.** 一个哈希表的大小为 $n$，初始没有元素，不断向其中插入元素，假设哈希函数均匀随机，平均第（　　）次插入后出现第一次碰撞？答案只要求渐进正确。

A. $\log n$　　B. $\log^2 n$　　C. $\sqrt{n}$　　D. $n$

**13.** 堆（Heap）是一种完全二叉树,根据堆的性质可以分为最大堆和最小堆。最大堆的定义是，对于每个结点满足（　　）的完全二叉树。

A. 本结点的值始终同时大于或等于左右子结点的值

B. 本结点的值始终同时小于或等于左右子结点的值

C. 左子树上所有结点的值均大于或等于右子树上所有结点的值

D. 本结点的值始终大于或等于左右子结点之一的值

**14.** 现今互联网上使用最广泛的网络通信协议是（　　）。

A. NCP（Network Control Program）

B. ARPANET

C. TCP/IP

D. NetBIOS

**15.** 使用 ABCD 组成长度为 6 的字符串序列，要求 A、B、C 都至少出现过一次，D 无所谓出现次数，一共有（　　）个符合要求的字符串。

A. 684　　B. 2100　　C. 3000　　D. 24312

**二、阅读程序**（程序输入不超过数组或字符串定义的范围；对于判断题，正确填√，错误填×；除特殊说明外，判断题每题 1.5 分，选择题每题 3 分，共计 40 分）

（一）下面实现了一种排序算法。

```
01  void mysort(int a[], int L, int R){
02      if(L >= R) return;
03      int i = L, j = R, mid = a[(L+R) >> 1];
04      while(i <= j){
05         while(a[i] < mid) i++;
06         while(a[j] > mid) j--;
07         if(i <= j) swap(a[i], a[j]), i++, j--;
08      }
09      mysort(a, L, j);
10      mysort(a, i, R);
11  }
```

- 判断题

**16.** 本题实现的排序算法是稳定的。（　　）

**17.** 第 3 行 `mid` 的选择能保证时间最坏复杂度为 $O(n\log n)$。（　　）

**18.** 对于数组 `int a[6] = {4, 1, 4, 1, 5, 0}`，使用这个排序的调用是 `mysort(a, 0, 6)`。（　　）

**19.** 对于任何输入，运行到第 9 行时 `j<i` 总是成立。（　　）

- 单选题

**20.** 假设 `R-L=n`，那么第 7 行的 `if` 会判定成功并执行 `swap(a[i], a[j]), i++, j--;` 的次数至多是（　　）（不考虑递归后的执行次数）。

A. $\lfloor n/2 \rfloor+1$

B. $\lceil n/2 \rceil+1$

C. $\lfloor n/2 \rfloor$

D. $\lceil n/2 \rceil$

**21.** 使用类似的思路可以设计一个求长度 $n$ 的数组中前 $k$ 大的数的算法，这个算法最优的时间复杂度是（　　）。

A. $O(n)$

B. $O(n\log n)$

C. $O(\log n)$

D. $O(\sqrt{n})$

（二）下面假设代码中的 N 足够大。

```
01  int tr[N][26], tot = 0;
02  int e[N], fail[N];
03
04  void insert(char *s) {
05    int u = 0;
06    for (int i = 1; s[i]; i++) {
07      if (!tr[u][s[i] - 'a']) tr[u][s[i] - 'a'] = ++tot;
08      u = tr[u][s[i] - 'a'];
09    }
10    e[u]++;
11  }
12
13  queue<int> q;
14
15  void build() {
16    for (int i = 0; i < 26; i++)
17      if (tr[0][i]) q.push(tr[0][i]);
18    while (q.size()) {
19      int u = q.front();
20      q.pop();
21      for (int i = 0; i < 26; i++) {
22        if (tr[u][i]) {
23          fail[tr[u][i]] =
24              tr[fail[u]][i];
25          q.push(tr[u][i]);
26        } else
27          tr[u][i] = tr[fail[u]][i];
28      }
29    }
30  }
31
32  int query(char *t) {
33    int u = 0, res = 0;
34    for (int i = 1; t[i]; i++) {
35      u = tr[u][t[i] - 'a'];  // 转移
36      for (int j = u; j && e[j] != -1; j = fail[j]) {
37        res += e[j], e[j] = -1;
38      }
39    }
40    return res;
41  }
```

下面的问题都以假设正确使用这段代码为前提。

- 判断题

22. 正确的使用方式是首先调用 insert()插入若干字符串 $s_i$，然后调用 build()，最后调用 query(t)，就能返回 t 作为子串出现在之前插入的所有字符串中的次数。（ ）
23. 对于一个结点 u，不断执行 u = fail[u]直到 u=0，执行 u = fail[u]的次数等于 u 代表的字符串前后缀相同的数量（不将 u 本身和空串计为前后缀）。（ ）
24. 可以证明 fail[u]<= u。（ ）
25. （3 分）如果将 build()使用的 q 改成 stack<int> q，并且在一开始 include <stack>，程序效果不变。（ ）

- 单选题

26. 假设调用 insert 插入了彼此不同的 10 个长度为 100 的字符串，此时 tot 最小是（ ）。
    A. 109
    B. 110
    C. 116
    D. 122
27. （4 分）假设调用 insert 插入了彼此不同的 100 个长度为 100 的字符串，此时 tot 最大是（ ）。
    A. 5390
    B. 6142
    C. 7344
    D. 8162

（三）假设不会出现运算、内存溢出的情况，所有输入都是正整数。完成下面的判断题和单选题。

```
01  #include<bits/stdc++.h>
02  using namespace std;
03  #define il inline
04  #define re register
05  #define int long long
06  il int read() {
07      re int x = 0, f = 1; re char c = getchar();
08      while(c < '0' || c > '9') { if(c == '-') f = -1; c = getchar();}
09      while(c >= '0' && c <= '9') x = x * 10 + c - 48, c = getchar();
10      return x * f;
11  }
12  #define rep(i, s, t) for(re int i = s; i <= t; ++ i)
13  #define maxn 2000005
14  int n, p, d, ans, a[maxn], l, sum[maxn], h, t = 0, q[maxn];
15  signed main() {
16     n = read(), p = read(), d = read();
17     rep(i, 1, n) a[i] = read(), sum[i] = sum[i - 1] + a[i];
18     ans = d, q[t] = d, l = 1;
19     rep(i, d + 1, n) {
20       while(h <= t && sum[i] - sum[i - d] > sum[q[t]] -
   sum[q[t] - d]) -- t;
```

```
21          q[++ t] = i;
22          while(h <= t && sum[i] - sum[l - 1] - sum[q[h]] +
  sum[q[h] - d] > p) {
23              ++ l;
24              while(h <= t && q[h] - d + 1 < l) ++ h;
25          }
26          ans = max(ans, i - l + 1);
27      }
28      printf("%lld", ans);
29      return 0;
30  }
```

- 判断题

**28.** q 中的元素 x 始终满足 `sum[x] - sum[x - d]` 的值严格递降。（　　）

**29.** 在第 26 行，q 中有可能没有元素。（　　）

**30.**（3 分）对于第 20～21 行、第 22～25 行，这两部分交换顺序不会改变运行结果。（　　）

**31.** 将第 24 行的 `q[h] - d + 1 < l` 改成 `q[h] - d + 1 <= l` 不会改变运行结果。（　　）

- 单选题

**32.** 所求解对象的含义可以描述为，对于数组 a，以及整数 n、d、p 求解。下列说法正确的是（　　）。

A. 一个最短的区间的长度，满足区间中删除任意 d 个数后，剩余数的总和可以不小于 p

B. 一个最长的区间的长度，满足区间中删除某 d 个数后，剩余数的总和不超过 p

C. 一个最长的区间的长度，满足区间中删除一段长度 d 的子区间后，剩余数的总和小于 p

D. 一个最长的区间的长度，满足区间中删除一段长度 d 的子区间后，剩余数的总和不超过 p

**33.** 在最坏情况下，本算法的时间复杂度是（　　）。

A. $O(n)$

B. $O(n\sqrt{n})$

C. $O(n^2)$

D. $O(n^3)$

三、**完善程序**（单选题，每题 3 分，共计 30 分）

（一）鸭子们位于一个洋流的地图中，鸭子们一同出行。鸭子们的起始岛屿用 o 表示。鸭子们可以往 4 个方向旅行，分别是：西→东（>），东→西（<），北→南（v）和南→北（^）。当鸭子们位于洋流的点上时，它们将会向洋流的方向移动一个单位。

平静的海面用 . 表示。如果洋流把鸭子们带到了平静的海面、到达地图之外或者回到起始小岛处，它们就会停止旅行。鸭子们想要前往的目的地岛屿用 x 表示。海面上可能会出现旋涡（鸭子们可能会困在其中），也可能出现把鸭子带到地图之外的洋流。

你的任务是替换地图中的几个字符，使鸭子们能够从起始岛屿到达目的地岛屿。字符 o 和 x 不能被修改。其他字符（<>v^.）分别表示洋流和平静的海面。地图中的<>v^. 字符可以任意互换。

【输入格式】

第 1 行输入两个整数 r 和 s，分别表示地图的行数和列数。

接下来的 r 行，每行包含 s 个字符，字符必为 o<>v^.x 中的其中一个。保证地图上分别只有一个 o 和 x，并且它们不相邻。

【输出格式】

第 1 行输出 k，表示需要改变的字符的最小数量。

接下来的 r 行，每行输出 s 个字符，表示改变后的地图。

如果有多种符合题意的地图，请输出任意一种。

【样例输入】

```
3 3
>vo
vv>
x>>
```

【样例输出】

```
1
>vo
vv>
x<>
```

$3 \leqslant r,\ s \leqslant 2000$。

```
01  #include<bits/stdc++.h>
02  using namespace std;
03  typedef pair<int,int> pr;
04  #define mp make_pair
05  int n,m;
06  deque <pr> dq;
07  char sea[2005][2005];
08  int sx,sy,ex,ey,dis[2005][2005];
09  pr pre[2005][2005];
10  int dx[4]={1,-1,0,0},dy[4]={0,0,1,-1};
11  char dir[4]={'v','^','>','<'};
12  int main(){
13      cin>>n>>m;
14      for(int i=1;i<=n;i++)
15          for(int j=1;j<=m;j++){
16              cin>>sea[i][j];
17              if(sea[i][j]=='x')
18                  ex=i,ey=j;
19              else if(sea[i][j]=='o')
20                  sx=i,sy=j;
21          }
22      memset(dis,____①____,sizeof(dis));
23      dq.push_back(mp(sx,sy));
24      dis[sx][sy]=0;
```

```
25      while(!dq.empty()){
26          pr temp=dq.front();
27          dq.pop_front();
28          if(temp==mp(ex,ey)||dis[temp.first][temp.second]>=
    dis[ex][ey])
29              continue;
30          //cout<<temp.first<<" "<<temp.second<<endl;
31          for(int i=0;i<4;i++){
32              int tx=temp.first+dx[i],ty=temp.second+dy[i];
33              if(tx<1||tx>n||ty<1||ty>m)
34                  continue;
35              int w=____②____?0:1;
36              if(dis[tx][ty]>dis[temp.first][temp.second]+w){
37                  dis[tx][ty]=dis[temp.first][temp.second]+w;
38                  pre[tx][ty]=temp;
39                  if(w==0)
40                      ____③____;
41                  else
42                      dq.push_back(mp(tx,ty));
43              }
44          }
45      }
46      pr before=pre[ex][ey],now=mp(ex,ey);
47      while(____④____){
48          if(before.first==now.first+1)
49              sea[before.first][before.second]='^';
50          if(before.first==now.first-1)
51              sea[before.first][before.second]='v';
52          if(before.second==now.second+1)
53              sea[before.first][before.second]='<';
54          if(before.second==now.second-1)
55              sea[before.first][before.second]='>';
56          now=before;
57          before=____⑤____;
58      }
59      cout<<dis[ex][ey]<<endl;
60      for(int i=1;i<=n;i++){
61          for(int j=1;j<=m;j++)
62              cout<<sea[i][j];
63          cout<<endl;
64      }
65      return 0;
66  }
```

**34.** ①处应填（　　）。

A. `0`

B. `0x3f`

C. `-1`

D. `-2`

**35.** ②处应填（　　）。

A. `sea[temp.first][temp.second]=='.'`

B. `sea[temp.first][temp.second]=='o'`

C. `sea[temp.first][temp.second]==dir[i]`

D. `sea[temp.first][temp.second]==dir[i]||sea[temp.first][temp.second]=='o')`

**36.** ③处应填（　　）。

A. `dq.pop_front()`

B. `dq.pop_back()`

C. `dq.push_front(mp(tx,ty))`

D. `dq.push_back(mp(tx,ty))`

**37.** ④处应填（　　）。

A. `before!=mp(sx,sy)`

C. `before!=mp(tx,ty)`

C. `dis[tx][ty]`

D. `dis[ex][ey]`

**38.** ⑤处应填（　　）。

A. `mp(pre[now.first][now.second].first,pre[now.first][now.second].second)`

B. `mp(pre[before.first][before.second].first,pre[before.first][before.second].second)`

C. `dq.front()`

D. `dq.back()`

（二）HappyCat 是一款交友软件。在 HappyCat 平台上，你可以关注他人，但你不可以关注自己，也不可以关注他人两次，即如果关注他人多次，只会算作一次。

共有 $N$ 名新用户，$M$ 天。

在第 $i$ 天，用户 $A_i$ 会关注用户 $B_i$。

同时在关注之后，会举办一场交友活动，活动内容如下。

1. 选择一个用户 $x$。
2. 选择一个被用户 $x$ 关注的用户 $y$。
3. 选择一个用户 $z$，要求 $z \neq x$，$x$ 未关注 $z$ 且 $y$ 和 $z$ 互关。
4. 让 $x$ 关注 $z$。
5. 重复前面 4 个步骤，直到选不出合适的三元组$(x,y,z)$。

你需要求出，对于每一个 $i$，第 $i$ 天过后的所有关注总数。

第一行为两个整数 $N$ 和 $M$。

接下来 $M$ 行，每行两个整数 $A_i$ 和 $B_i$。

输出共 $M$ 行，每一行一个数，第 $i$ 行表示经过第 $i$ 天之后的关注总数。

保证 $2 \leqslant N \leqslant 10^5$，$1 \leqslant M \leqslant 3\times10^5$，$1 \leqslant A_i, B_i \leqslant N$，$A_i \neq B_i$，$(A_i,B_i) \neq (A_j,B_j)$

假设下面的代码包含常见的 C++头文件。

```
01  #define pb push_back
02  const int N = 1e5 + 7;
03  int n, m, f[N];
04  set<int> s[N], e[N], g[N], fe[N], fg[N];
05  deque<int> X, Y;
06  ll ans;
07
08  int get(int x) {
09      return x == f[x] ? x : ____①____;
10  }
11
12  inline void work(int x, int y) {
13      int fx = get(x), fy = get(y);
14      if (fx == fy) return;
15      if (fe[fy].find(fx) == fe[fy].end()) {
16          if (g[fy].find(x) == g[fy].end())
17              ans += s[fy].size(),
18              e[x].insert(fy), g[fy].insert(x),
19              fe[fx].insert(fy), fg[fy].insert(fx);
20          return;
21      }
22      ans -= 1ll * s[fx].size() * (s[fx].size() - 1);
23      ans -= 1ll * s[fy].size() * (s[fy].size() - 1);
24      fe[fy].erase(fx), fg[fx].erase(fy);
25      if (s[fx].size() < s[fy].size()) swap(fx, fy);
26      for (int i : s[fy]) {
27          for (int j : e[i])
28              ____②____,
29              g[j].erase(i),
30              X.pb(i), Y.pb(j);
31          e[i].clear();
32      }
33      for (int i : g[fy])
34          ____③____,
35          e[i].erase(fy),
36          X.pb(i), Y.pb(fx);
37      g[fy].clear();
38      for (int i : fe[fy]) fg[i].erase(fy);
```

```
39        for (int i : fg[fy]) fe[i].erase(fy);
40        for (int i : s[fy]) s[fx].insert(i);
41        f[fy] = fx;
42        ans += 1ll * s[fx].size() * (s[fx].size() - 1);
43        ans += ___④___;
44        s[fy].clear();
45    }
46
47    int main() {
48        scanf("%d%d", &n, &m);
49        for (int i = 1; i <= n; i++) f[i] = i, s[i].insert(i);
50        for (int i = 1, x, y; i <= m; i++) {
51            scanf("%d%d", &x, &y); X.pb(x), Y.pb(y);
52            while (___⑤___) work(X[0], Y[0]), X.pop_front(), Y.pop_
              front();
53            printf("%lld\n", ans);
54        }
55        return 0;
56    }
```

请注意：算法应当在保证正确的情况下达到最高的时间效率。

**39.** ①处应填（　　）。

A. `s[x].size()`

B. `*max_element(s[x].begin(), s[x].end())`

C. `get(f[x])`

D. `(f[x] = get(f[x]))`

**40.** ②处应填（　　）。

A. `ans -= s[i].size()`

B. `ans -= s[j].size()`

C. `ans -= s[i].size()-1`

D. `ans -= s[j].size()-1`

**41.** ③处应填（　　）。

A. `ans -= s[fy].size()`

B. `ans -= s[i].size()`

C. `ans -= s[i].size() - 1`

D. `ans -= e[i].size()`

**42.** ④处应填（　　）。

A. `1ll * e[fx].size() * (s[fy].size() - 1)`

B. `1ll * g[fx].size() * (s[fy].size() - 1)`

C. `1ll * e[fx].size() * s[fy].size()`

D. `1ll * g[fx].size() * s[fy].size()`

**43.** ⑤处应填（　　）。

A. `X.size()`

B. `s[x].size()`

C. `fe[x].size()`

D. `fg[x].size()`

# 十年精编 CSP-S 初赛真题的参考答案

提示：读者可参照以下参考答案检验相关题目，具体的解析可参见本书配套的答案解析（电子版）。读者可通过异步社区免费下载。

## 2014 全国青少年信息学奥林匹克联赛初赛（提高组）

## （已根据新题型改编）

提高组 C++语言试题

一、选择题

| 1 | 2 | 3 | 4 | 5 | 6 | 7 | 8 | 9 | 10 |
|---|---|---|---|---|---|---|---|---|---|
| B | D | D | B | C | C | B | B | D | A |
| 11 | 12 | 13 | 14 | 15 | 16 | 17 | 18 | 19 | 20 |
| D | C | C | B | C | B | C | D | A | B |
| 21 | 22 | | | | | | | | |
| B | B | | | | | | | | |

二、阅读程序

| 23 | 24 | 25 | 26 |
|---|---|---|---|
| B | C | A | A |

三、完善程序

| 27 | 28 | 29 | 30 | 31 | 32 | 33 | 34 | 35 | 36 |
|---|---|---|---|---|---|---|---|---|---|
| A | C | B | A | C | B | A | C | A | D |

# 2015 全国青少年信息学奥林匹克联赛初赛（提高组）

# （已根据新题型改编）

## 提高组 C++语言试题

### 一、选择题

| 1 | 2 | 3 | 4 | 5 | 6 | 7 | 8 | 9 | 10 |
|---|---|---|---|---|---|---|---|---|---|
| A | A | A | D | D | B | B | B | B | D |
| 11 | 12 | 13 | 14 | 15 | 16 | 17 | 18 | 19 | 20 |
| D | A | D | A | A | ABCD | ABC | ACD | AB | AC |
| 21 | 22 | | | | | | | | |
| A | A | | | | | | | | |

### 二、阅读程序

| 23 | 24 | 25 | 26 |
|---|---|---|---|
| B | C | A | A |

### 三、完善程序

| 27 | 28 | 29 | 30 | 31 | 32 | 33 | 34 | 35 | 36 |
|---|---|---|---|---|---|---|---|---|---|
| B | A | C | B | B | B | A | D | B | A |

# 2016 全国青少年信息学奥林匹克联赛初赛（提高组）

# （已根据新题型改编）

提高组 C++语言试题

## 一、选择题

| 1 | 2 | 3 | 4 | 5 | 6 | 7 | 8 | 9 | 10 |
|---|---|---|---|---|---|---|---|---|---|
| D | A | B | B | B | B | B | B | B | D |
| 11 | 12 | 13 | 14 | 15 | 16 | 17 | 18 | 19 | 20 |
| B | A | C | C | A | D | A | B | A | C |
| 21 | 22 | | | | | | | | |
| C | B | | | | | | | | |

## 二、阅读程序

| 23 | 24 | 25 | 26 |
|---|---|---|---|
| D | A | D | B |

## 三、完善程序

| 27 | 28 | 29 | 30 | 31 | 32 | 33 | 34 | 35 | 36 |
|---|---|---|---|---|---|---|---|---|---|
| A | B | C | D | A | C | A | B | D | A |

# 2017全国青少年信息学奥林匹克联赛初赛（提高组）

# （已根据新题型改编）

提高组C++语言试题

## 一、选择题

| 1 | 2 | 3 | 4 | 5 | 6 | 7 | 8 | 9 | 10 |
|---|---|---|---|---|---|---|---|---|---|
| C | B | A | C | A | C | B | C | D | B |
| 11 | 12 | 13 | 14 | 15 | 16 | 17 | 18 | 19 | 20 |
| D | D | A | D | C | CD | C | D | BD | BD |
| 21 | 22 | | | | | | | | |
| B | A | | | | | | | | |

## 二、阅读程序

| 23 | 24 | 25 | 26 | 27 | 28 |
|---|---|---|---|---|---|
| C | A | C | C | B | C |

## 三、完善程序

| 29 | 30 | 31 | 32 | 33 | 34 | 35 | 36 | 37 | 38 |
|---|---|---|---|---|---|---|---|---|---|
| D | A | A | A | A | B | D | A | C | A |

# 2018 全国青少年信息学奥林匹克联赛初赛（提高组）

# （已根据新题型改编）

提高组 C++语言试题

一、选择题

| 1 | 2 | 3 | 4 | 5 | 6 | 7 | 8 | 9 | 10 |
|---|---|---|---|---|---|---|---|---|---|
| D | D | B | A | D | B | B | A | D | B |
| 11 | 12 | 13 | 14 | 15 | 16 | 17 | | | |
| AB | CD | ABD | ABD | BCD | D | A | | | |

二、阅读程序

| 18 | 19 | 20 | 21 | 22 |
|---|---|---|---|---|
| A | C | A | A | A |

三、完善程序

| 23 | 24 | 25 | 26 | 27 | 28 | 29 | 30 | 31 | 32 |
|---|---|---|---|---|---|---|---|---|---|
| A | C | D | B | A | D | C | C | B | D |

# 2019 CCF 非专业级别软件能力认证第一轮（CSP-S1）

提高组 C++语言试题

一、选择题

| 1 | 2 | 3 | 4 | 5 | 6 | 7 | 8 | 9 | 10 |
|---|---|---|---|---|---|---|---|---|---|
| D | C | D | B | B | B | C | B | B | A |
| 11 | 12 | 13 | 14 | 15 | | | | | |
| D | D | B | B | A | | | | | |

二、阅读程序

| 16 | 17 | 18 | 19 | 20 | 21 | 22 | 23 | 24 | 25 |
|---|---|---|---|---|---|---|---|---|---|
| × | √ | √ | √ | D | A | √ | × | √ | × |
| 26 | 27 | 28 | 29 | 30 | 31 | 32 | 33 | | |
| C | C | √ | × | × | × | D | C | | |

三、完善程序

| 34 | 35 | 36 | 37 | 38 | 39 | 40 | 41 | 42 | 43 |
|---|---|---|---|---|---|---|---|---|---|
| C | D | D | C | B | C | B | A | D | D |

# 2020 CCF 非专业级别软件能力认证第一轮（CSP-S1）

提高组 C++语言试题

一、选择题

| 1 | 2 | 3 | 4 | 5 | 6 | 7 | 8 | 9 | 10 |
|---|---|---|---|---|---|---|---|---|---|
| C | B | B | B | D | B | A | A | C | C |
| 11 | 12 | 13 | 14 | 15 | | | | | |
| C | D | B | D | C | | | | | |

二、阅读程序

| 16 | 17 | 18 | 19 | 20 | 21 | 22 | 23 | 24 |
|---|---|---|---|---|---|---|---|---|
| × | × | √ | √ | C | C | × | √ | B |
| 25 | 26 | 27 | 28 | 29 | 30 | 31 | 32 | 33 |
| B | A | D | √ | × | × | D | D | C |

三、完善程序

| 34 | 35 | 36 | 37 | 38 | 39 | 40 | 41 | 42 | 43 |
|---|---|---|---|---|---|---|---|---|---|
| D | B | D | D | B | D | B | C | A | B |

# 2021 CCF 非专业级别软件能力认证第一轮（CSP-S1）

## 提高组 C++语言试题

### 一、选择题

| 1 | 2 | 3 | 4 | 5 | 6 | 7 | 8 | 9 | 10 |
|---|---|---|---|---|---|---|---|---|---|
| A | B | A | C | C | C | C | B | D | A |
| 11 | 12 | 13 | 14 | 15 | | | | | |
| A | C | C | C | B | | | | | |

### 二、阅读程序

| 16 | 17 | 18 | 19 | 20 | 21 | 22 | 23 | 24 |
|---|---|---|---|---|---|---|---|---|
| √ | × | × | √ | D | C | √ | × | × |
| 25 | 26 | 27 | 28 | 29 | 30 | 31 | 32 | 33 |
| B | C | B | × | √ | × | B | D | D |

### 三、完善程序

| 34 | 35 | 36 | 37 | 38 | 39 | 40 | 41 | 42 | 43 |
|---|---|---|---|---|---|---|---|---|---|
| D | A | D | C | A | D | A | D | D | C |

# 2022 CCF 非专业级别软件能力认证第一轮（CSP-S1）

## 提高组 C++语言试题

### 一、选择题

| 1 | 2 | 3 | 4 | 5 | 6 | 7 | 8 | 9 | 10 |
|---|---|---|---|---|---|---|---|---|---|
| B | A | D | C | A | B | C | B | D | A |
| 11 | 12 | 13 | 14 | 15 | | | | | |
| C | D | B | B | B | | | | | |

二、阅读程序

| 16 | 17 | 18 | 19 | 20 | 21 | 22 | 23 | 24 |
|---|---|---|---|---|---|---|---|---|
| √ | × | √ | D | A | B | × | × | √ |
| 25 | 26 | 27 | 28 | 29 | 30 | 31 | 32 | 33 |
| D | D | C | √ | × | × | A | B | B |

三、完善程序

| 34 | 35 | 36 | 37 | 38 | 39 | 40 | 41 | 42 | 43 |
|---|---|---|---|---|---|---|---|---|---|
| D | B | C | C | A | A | C | A | A | C |

# 2023 CCF 非专业级别软件能力认证第一轮（CSP-S1）

## 提高组 C++语言试题

一、选择题

| 1 | 2 | 3 | 4 | 5 | 6 | 7 | 8 | 9 | 10 |
|---|---|---|---|---|---|---|---|---|---|
| B | A | A | C | B | A | C | B | A | C |
| 11 | 12 | 13 | 14 | 15 | | | | | |
| A | C | C | B | A | | | | | |

二、阅读程序

| 16 | 17 | 18 | 19 | 20 | 21 | 22 | 23 | 24 |
|---|---|---|---|---|---|---|---|---|
| √ | × | √ | × | B | D | × | × | √ |
| 25 | 26 | 27 | 28 | 29 | 30 | 31 | 32 | 33 |
| D | B | B | √ | √ | √ | C | B | B |

三、完善程序

| 34 | 35 | 36 | 37 | 38 | 39 | 40 | 41 | 42 | 43 |
|---|---|---|---|---|---|---|---|---|---|
| B | A | A | D | C | D | B | A | C | A |

# 十套 CSP-S 初赛模拟题的参考答案

提示：读者可参照以下参考答案检验相关题目，具体的解析可参见本书配套的答案解析（电子版）。读者可通过异步社区免费下载。

## 信息学奥赛 CSP-S 初赛模拟题（一）

### 提高组 C++语言试题

一、选择题

| 1 | 2 | 3 | 4 | 5 | 6 | 7 | 8 | 9 | 10 |
|---|---|---|---|---|---|---|---|---|---|
| B | C | C | D | B | A | D | B | D | A |
| 11 | 12 | 13 | 14 | 15 | | | | | |
| A | D | B | A | A | | | | | |

二、阅读程序

| 16 | 17 | 18 | 19 | 20 | 21 | 22 | 23 | 24 |
|---|---|---|---|---|---|---|---|---|
| √ | × | × | C | D | B | × | × | × |
| 25 | 26 | 27 | 28 | 29 | 30 | 31 | 32 | 33 |
| C | A | D | × | × | √ | B | A | B |

三、完善程序

| 34 | 35 | 36 | 37 | 38 | 39 | 40 | 41 | 42 | 43 |
|---|---|---|---|---|---|---|---|---|---|
| C | B | C | D | A | A | D | A | B | A |

# 信息学奥赛 CSP-S 初赛模拟题（二）

提高组 C++语言试题

一、选择题

| 1 | 2 | 3 | 4 | 5 | 6 | 7 | 8 | 9 | 10 |
|---|---|---|---|---|---|---|---|---|---|
| A | C | B | D | D | A | B | D | B | A |
| 11 | 12 | 13 | 14 | 15 | | | | | |
| C | C | D | A | C | | | | | |

二、阅读程序

| 16 | 17 | 18 | 19 | 20 | 21 | 22 | 23 | 24 | 25 |
|---|---|---|---|---|---|---|---|---|---|
| × | √ | √ | × | C | D | C | × | × | √ |
| 26 | 27 | 28 | 29 | 30 | 31 | 32 | 33 | 34 | |
| √ | D | A | × | × | √ | × | A | C | |

三、完善程序

| 35 | 36 | 37 | 38 | 39 | 40 | 41 | 42 | 43 | 44 |
|---|---|---|---|---|---|---|---|---|---|
| C | D | B | D | A | C | A | B | B | D |

# 信息学奥赛 CSP-S 初赛模拟题（三）

提高组 C++语言试题

一、选择题

| 1 | 2 | 3 | 4 | 5 | 6 | 7 | 8 | 9 | 10 |
|---|---|---|---|---|---|---|---|---|---|
| A | D | C | B | C | D | B | A | C | C |
| 11 | 12 | 13 | 14 | 15 | | | | | |
| B | B | C | D | A | | | | | |

二、阅读程序

| 16 | 17 | 18 | 19 | 20 | 21 | 22 | 23 | 24 |
|---|---|---|---|---|---|---|---|---|
| × | × | × | B | B | × | √ | × | B |
| 25 | 26 | 27 | 28 | 29 | 30 | 31 | | |
| A | × | √ | √ | A | B | A | | |

三、完善程序

| 32 | 33 | 34 | 35 | 36 | 37 | 38 | 39 | 40 | 41 |
|---|---|---|---|---|---|---|---|---|---|
| A | C | A | C | B | A | B | C | C | C |

# 信息学奥赛CSP-S初赛模拟题（四）

## 提高组C++语言试题

一、选择题

| 1 | 2 | 3 | 4 | 5 | 6 | 7 | 8 | 9 | 10 |
|---|---|---|---|---|---|---|---|---|---|
| C | D | B | D | C | C | D | A | C | C |
| 11 | 12 | 13 | 14 | 15 | | | | | |
| B | D | A | D | D | | | | | |

二、阅读程序

| 16 | 17 | 18 | 19 | 20 | 21 | 22 | 23 | 24 |
|---|---|---|---|---|---|---|---|---|
| √ | × | √ | C | C | A | × | √ | × |
| 25 | 26 | 27 | 28 | 29 | 30 | 31 | 32 | 33 |
| D | A | B | × | × | √ | C | D | C |

三、完善程序

| 34 | 35 | 36 | 37 | 38 | 39 | 40 | 41 | 42 | 43 |
|---|---|---|---|---|---|---|---|---|---|
| B | A | A | B | D | B | A | C | B | D |

# 信息学奥赛 CSP-S 初赛模拟题（五）

提高组 C++语言试题

## 一、选择题

| 1 | 2 | 3 | 4 | 5 | 6 | 7 | 8 | 9 | 10 |
|---|---|---|---|---|---|---|---|---|---|
| B | C | A | C | A | B | D | A | A | C |
| 11 | 12 | 13 | 14 | 15 | | | | | |
| B | D | C | C | D | | | | | |

## 二、阅读程序

| 16 | 17 | 18 | 19 | 20 | 21 | 22 | 23 | 24 |
|---|---|---|---|---|---|---|---|---|
| × | √ | √ | √ | × | B | √ | √ | × |
| 25 | 26 | 27 | 28 | 29 | 30 | 31 | 32 | 33 |
| D | C | B | × | √ | × | C | A | D |

## 三、完善程序

| 34 | 35 | 36 | 37 | 38 | 39 | 40 | 41 | 42 | 43 |
|---|---|---|---|---|---|---|---|---|---|
| D | B | A | A | B | C | C | A | B | D |

# 信息学奥赛 CSP-S 初赛模拟题（六）

提高组 C++语言试题

## 一、选择题

| 1 | 2 | 3 | 4 | 5 | 6 | 7 | 8 | 9 | 10 |
|---|---|---|---|---|---|---|---|---|---|
| D | A | B | A | C | C | D | A | B | B |
| 11 | 12 | 13 | 14 | 15 | | | | | |
| A | A | C | D | B | | | | | |

## 二、阅读程序

| 16 | 17 | 18 | 19 | 20 | 21 | 22 | 23 | 24 |
|---|---|---|---|---|---|---|---|---|
| √ | × | × | √ | A | C | × | √ | √ |
| 25 | 26 | 27 | 28 | 29 | 30 | 31 | 32 | 33 |
| C | A | B | × | √ | √ | C | C | C |

## 三、完善程序

| 34 | 35 | 36 | 37 | 38 | 39 | 40 | 41 | 42 | 43 |
|---|---|---|---|---|---|---|---|---|---|
| B | A | C | B | D | A | B | D | C | B |

# 信息学奥赛 CSP-S 初赛模拟题（七）

提高组 C++语言试题

## 一、选择题

| 1 | 2 | 3 | 4 | 5 | 6 | 7 | 8 | 9 | 10 |
|---|---|---|---|---|---|---|---|---|---|
| A | B | C | B | D | A | B | A | C | D |
| 11 | 12 | 13 | 14 | 15 | | | | | |
| C | C | C | A | D | | | | | |

## 二、阅读程序

| 16 | 17 | 18 | 19 | 20 | 21 | 22 | 23 | 24 |
|---|---|---|---|---|---|---|---|---|
| √ | √ | √ | √ | A | D | √ | × | D |
| 25 | 26 | 27 | 28 | 29 | 30 | 31 | 32 | 33 |
| C | D | C | × | √ | √ | D | C | C |

## 三、完善程序

| 34 | 35 | 36 | 37 | 38 | 39 | 40 | 41 | 42 | 43 |
|---|---|---|---|---|---|---|---|---|---|
| C | B | B | A | D | D | A | C | B | B |

# 信息学奥赛 CSP-S 初赛模拟题（八）

提高组 C++语言试题

一、选择题

| 1 | 2 | 3 | 4 | 5 | 6 | 7 | 8 | 9 | 10 |
|---|---|---|---|---|---|---|---|---|---|
| B | B | A | C | B | C | A | A | A | B |
| 11 | 12 | 13 | 14 | 15 | | | | | |
| C | A | B | A | C | | | | | |

二、阅读程序

| 16 | 17 | 18 | 19 | 20 | 21 | 22 | 23 | 24 |
|---|---|---|---|---|---|---|---|---|
| × | × | √ | × | C | A | √ | √ | √ |
| 25 | 26 | 27 | 28 | 29 | 30 | 31 | 32 | 33 |
| A | B | A | × | √ | √ | D | C | C |

三、完善程序

| 34 | 35 | 36 | 37 | 38 | 39 | 40 | 41 | 42 | 43 |
|---|---|---|---|---|---|---|---|---|---|
| B | D | A | B | A | B | D | C | A | B |

# 信息学奥赛 CSP-S 初赛模拟题（九）

提高组 C++语言试题

一、选择题

| 1 | 2 | 3 | 4 | 5 | 6 | 7 | 8 | 9 | 10 |
|---|---|---|---|---|---|---|---|---|---|
| B | C | C | C | B | C | D | B | B | A |
| 11 | 12 | 13 | 14 | 15 | | | | | |
| A | D | D | C | A | | | | | |

二、阅读程序

| 16 | 17 | 18 | 19 | 20 | 21 | 22 | 23 | 24 |
|---|---|---|---|---|---|---|---|---|
| √ | × | √ | × | A | A | √ | × | × |
| 25 | 26 | 27 | 28 | 29 | 30 | 31 | 32 | 33 |
| × | B | A | × | √ | √ | × | D | B |

三、完善程序

| 34 | 35 | 36 | 37 | 38 | 39 | 40 | 41 | 42 | 43 |
|---|---|---|---|---|---|---|---|---|---|
| B | D | C | A | B | C | B | A | D | D |

# 信息学奥赛CSP-S初赛模拟题（十）

## 提高组C++语言试题

一、选择题

| 1 | 2 | 3 | 4 | 5 | 6 | 7 | 8 | 9 | 10 |
|---|---|---|---|---|---|---|---|---|---|
| D | A | D | D | A | D | C | C | C | C |
| 11 | 12 | 13 | 14 | 15 | | | | | |
| D | C | A | C | B | | | | | |

二、阅读程序

| 16 | 17 | 18 | 19 | 20 | 21 | 22 | 23 | 24 |
|---|---|---|---|---|---|---|---|---|
| × | × | × | √ | A | A | × | √ | × |
| 25 | 26 | 27 | 28 | 29 | 30 | 31 | 32 | 33 |
| √ | C | D | × | √ | × | × | D | A |

三、完善程序

| 34 | 35 | 36 | 37 | 38 | 39 | 40 | 41 | 42 | 43 |
|---|---|---|---|---|---|---|---|---|---|
| B | D | C | A | B | D | B | A | D | D |